21世纪高职高专机电类立体化精品教材·电气自动化系列

工学结合教学改革与创新成果

可编程控制器
原理及应用

田龙　陈冬丽　李　静　主　编

马　铭　张　伟　副主编

U0349809

东南大学出版社

·南京·

内容提要

本书以西门子 S7-200 系列 PLC 为对象，首先讲解了 S7-200 PLC 的工作原理、硬件结构、指令系统；其次介绍了顺序控制设计法，这种方法易学易用，可以节约大量的设计时间，还介绍了 S7-200 的通信网络等内容。

本书在编排上，注重理论与实践相结合，采用任务式教学模式，突出实践环节，充分体现"工学结合一体化"教学思想，将所学的知识以任务为依托，在应用中学习。正文中设置了操作技巧、拓展提高及知识链接等特色模块，意在提高学生的学习兴趣，促进学生的全面发展。全书共设置小提示 39 个，知识链接 36 个，拓展实训 6 个。每个项目最后设置了项目小结和项目检测。

本书可作为高职高专院校机电一体化技术、电气自动化技术、电子信息工程技术、计算机控制技术等专业的教材，也可作为职业培训学校 PLC 课程的培训教材，同时还可供从事自动化技术工作的人员使用。

图书在版编目（CIP）数据

可编程控制器原理及应用 / 田龙，陈冬丽，李静主编 .
—南京：东南大学出版社，2014.11
（21 世纪高职高专机电类立体化精品教材·电气自动化系列）
ISBN 978-7-5641-5323-6

Ⅰ . ①可… Ⅱ . ①田… ②陈… ③李… Ⅲ . ①可编程序控制器—高等职业教育—教材 Ⅳ . ① TM571.6

中国版本图书馆 CIP 数据核字（2014）第 266625 号

可编程控制器原理及应用

出版发行：东南大学出版社
社　　址：南京市四牌楼 2 号，邮编 210096
出 版 人：江建中
印　　刷：北京旺银永泰印刷有限公司
开　　本：787mm×1092mm　1/16
印　　张：15.5
字　　数：322 千
版　　次：2014 年 11 月第 1 版
　　　　　2014 年 11 月第 1 次印刷
书　　号：ISBN 978-7-5641-5323-6
定　　价：38.00 元

可编程控制器（PLC）是以微处理器为基础，综合微型计算机技术、自动控制技术和网络通信技术发展而来的一种工业控制装置，是应用十分广泛、可靠性极高的通用工业自动化控制装置。

本书以德国西门子公司的 S7-200 PLC 为例，系统地介绍了 PLC 的工作原理、硬件结构、指令系统、通信功能、编程软件和仿真软件的使用方法。

本书在内容安排上，采用项目导读、任务驱动的方式，通过大量应用实例和例题，引导读者逐步认识、熟知、应用 PLC，既注重以应用实例反映 PLC 的一般工作原理及其应用特点，又注重 PLC 工程应用的可操作性和实用性。

本书共有 6 大项目，9 个任务。项目一为可编程控制器系统认知，介绍了 PLC 的结构、工作原理、系统配置等知识；项目二为 PLC 程序设计基础，介绍了 S7-200 PLC 的编程基础、基本逻辑指令、定时器指令和计数器指令的功能与应用；项目三为顺序控制设计法，介绍了 PLC 顺序控制设计法及顺序控制梯形图的设计方法；项目四是 PLC 的功能指令，介绍了 S7-200 PLC 功能指令的功能与应用；项目五为 PLC 的通信与网络，介绍了通信及网络基础、西门子 PLC 通信协议和 S7-200 PLC 通信网络；项目六为 STEP 7-Micro/WIN 编程软件及仿真软件的使用方法，介绍了编程软件和 S7-200 PLC 仿真软件的使用方法。本书配有大量的例题、项目测试题，附录给出了拓展实训，可进一步加强读者的实践训练。

本书内容通俗易懂，对每个项目，从每个项目的背景、具体任务引入、任务分析、知识准备、任务实施、项目总结与项目检测逐一展开，详细阐述了 PLC 控制系统设计的要求、过程、应完成的工作内容和具体设计方法。

本书由安阳工学院的田龙、安阳职业技术学院的陈冬丽、新乡职业技术学院的李静担任主编，安阳工学院的马铭和张伟担任副主编。其中，田龙编写了项目四，并负责全书统稿工作；陈冬丽编写了项目三和项目六，李静编写了项目二，马铭编写了项目一和拓展实训，张伟编写了项目五。

由于编者水平有限，书中难免存在不妥之处，敬请专家和读者批评指正。

编者

CONTENTS 目 录

项目一

可编程控制器系统认知

项目导读

　　可编程控制器是从早期的继电器逻辑控制系统发展而来的，它是微机技术与继电器常规控制技术相结合的产物，是为工业控制应用而专门设计制造的。早期可编程控制器主要应用于逻辑控制，因此称为可编程逻辑控制器（Programmable Logic Controller），简称PLC。随着技术的发展，可编程控制器的功能已经大大超越了逻辑控制的范围，现今这种装置称为可编程控制器（Programmable Controller）。为了避免与个人计算机的简称PC相混淆，所以仍将可编程控制器简称为PLC。

项目要点

　　本项目主要带领大家学习可编程控制器系统的一些基本知识，主要包括以下几点：

- 1. 可编程控制器的产生与发展
- 2. 可编程控制器的基本结构
- 3. 可编程控制器的工作原理
- 4. 可编程控制器的主要技术指标
- 5. 可编程控制器的分类
- 6. S7-200 PLC 的系统结构
- 7. S7-200 PLC 可编程控制器的系统配置

任务一：认识并安装一款典型的可编程控制器

任务引入

本任务带领大家认识一款应用广泛的可编程控制器——由西门子公司生产的 S7-200。通过认识这款可编程控制器，使学生掌握可编程控制器的基本工作原理和安装操作方法。

任务分析

S7-200 可编程控制器具有极高的性价比，目前被广泛应用于各个行业，因此具有很强的代表性。本任务重点需要了解 S7-200 的各项性能，并动手操作安装这款可编程控制器，从而掌握关于可编程控制器的一些基础知识，为之后的学习做准备。

知识准备

1969 年，美国 DEC 公司研制出世界上第一台 PLC（PDP-14），并在 GM 公司汽车生产线上应用成功，这标志着 PLC 第一次进入人们的视野。20 世纪 70 年代初，将微处理器引入可编程控制器，使其增加了数学运算、数据传送及处理等功能，完成了真正具有计算机特征的工业控制装置。70 年代中末期，计算机技术已全面引入可编程控制器，使其具有逻辑运算、顺序控制、定时、计数和算术运算等操作的指令，并通过数字式、模拟式的输入和输出，控制各种类型的机械或生产过程。80 年代初，PLC 具有了大规模、高速度、高性能和产品系列化等特点，在工业控制中得到了广泛的应用。20 世纪末期，可编程控制器的各种特殊功能单元、人机界面的产生，通信单元的发展，使应用 PLC 的工业控制设备的配套更加容易。目前，PLC 在石油、化工、机械制造、冶金、轻工业及汽车等领域的应用都得到了长足的发展。

1987 年，国际电工委员会（IEC）在颁发的 PLC 标准草案第三稿中，对可编程控制器作了如下定义："可编程序控制器是一种数字运算操作的电子系统，专为在工业环境下应用而设计。它采用可编程序的存储器，用来在其内部存储执行逻辑运算、顺序控制、定时、计数和算术运算等操作的指令，并通过数字式、模拟式的输入和输出，控制各种类型的机械或生产过程。可编程序控制器及其有关设备，都应按易于使工业控制系统形成一个整体，易于扩充其功能的原则设计。"从上述定义可以看出，PLC 是一种用程序来改变控制功能的工业控制计算机，除了能完成各种各样的控制功能外，还有与其他计算机通信联网的功能。

一、可编程控制器的产生与发展

在工业生产领域，尤其是过程工业中，除了以模拟量为被控量的控制外，还存在大量的以开关量（数字量）为主的逻辑顺序控制，这一点在以改变几何形状和机械性能为特征的制造工业中显得尤为突出。这种控制系统按照逻辑条件和一定的顺序、时序产生控制动作，并且能够对来自现场的大量的开关量、脉冲、计时、计数等数字信号进行监视和处理。这些工作在早期是由继电器电路来实现的，其缺点是体积庞大、故障率高、功耗大、不易维护、不易改造和升级等等。

鉴于传统的继电器控制系统的一系列缺点，1968 年美国通用汽车公司首先提出研制新的控制系统用以取代继电器控制系统，公开招标，并提出了如下 10 项指标：

（1）编程简单方便，可在现场修改程序；

（2）维护方便，最好是插件式结构；

（3）可靠性高于继电器控制系统；

（4）体积小于继电器控制系统；

（5）数据可直接输入管理计算机；

（6）成本上可与继电器控制系统竞争；

（7）输入可以是交流 115V；

（8）输出为交流 115V/2A 以上，能直接驱动电磁阀；

（9）扩展时只需对原系统做很小的变更；

（10）用户程序存储器的容量至少能扩展到 4KB。

1969 年，美国数字设备公司（DEC）根据上述要求率先研制出世界上第一台可编程控制器（即 PLC），在通用汽车公司自动生产线上应用，获得成功。此后这项技术迅速发展起来，并推动了欧洲各国、日本及其他国家可编程控制器技术的发展。

PLC 自产生时起，大致经过了以下 3 个发展阶段。

1. 早期阶段（20 世纪 60 年代末—70 年代中期）

早期的 PLC 是为取代继电器控制线路、完成顺序控制而设计的。它在硬件上以准计算机的形式出现，在 I/O 接口电路上做了改进以适应工业控制现场的要求。装置中的器件主要采用分立元件和中小规模集成电路，存储器采用磁芯存储器。另外还采用了一些抗干扰的措施。软件编程上，采用了梯形图的编程方式。

2. 中期阶段（20 世纪 70 年代中期—80 年代中期）

20 世纪 70 年代，微处理器的出现使 PLC 发生了巨大的变化。各 PLC 生产厂家开始采用微处理器作为 PLC 的微处理器。这样就使 PLC 的功能大大增强。在软件方面，除了保持其原有的逻辑运算、定时、计数等功能外，还增加了算术运算、数据处理和传送、通信、自诊断等功能；在硬件方面，除了保持原有的开关量模块以外，还增加了模拟量模块、远程 I/O 模块等各种特殊模块，并扩大了存储器的容量。

3. 近期阶段（20 世纪 80 年代中期—至今）

进入 20 世纪 80 年代中期，由于超大规模集成电路技术的迅速发展，微处理器的市场价格大幅下降，使得各种类型的 PLC 所采用的微处理器的档次普遍提高。而且，为了进一步提高 PLC 的处理速度，各制造厂商还纷纷研制开发了"专用逻辑处理芯片"，使得 PLC 的软、硬件功能发生了巨大变化。

现代 PLC 的发展有两个趋势：一是向体积更小、速度更快、可靠性更高、功能更强、价格更低的小型 PLC 方向发展；二是向大型、网络化、良好兼容性和多功能方向发展。

二、可编程控制器的基本结构

可编程控制器是多种多样的，但其组成的一般原理基本相同，如图 1-1 所示，主

chapter 01
chapter 02
chapter 03
chapter 04
chapter 05
chapter 06
appendix

要由微处理器（CPU）、输入／输出单元、存储器、外部设备和电源等组成。其中，CPU 是 PLC 的核心，相当于人的大脑和心脏，它不断地采集输入信号，执行用户程序，刷新系统的输出；输入／输出单元相当于人的眼、耳、手、脚，是连接外部现场设备与 CPU 之间的桥梁。图 1-1 是 PLC 的基本结构图。

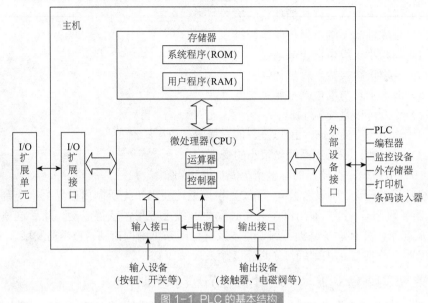

图 1-1 PLC 的基本结构

（一）微处理器（CPU）

微处理器是 PLC 的控制中枢，它按照 PLC 系统程序赋予的功能接收并存储从编程器键入的用户程序和数据，检查电源、存储器、输入／输出（I/O）以及警戒定时器的状态，并能诊断用户程序中的语法错误等。当 PLC 投入运行时，首先它以扫描的方式接收现场各输入装置的状态和数据，并分别存入 I/O 映像区，然后从用户程序存储器中逐条读取用户程序，经过命令解释后按指令的规定执行逻辑或算术运算后，得出结果，并将结果送入 I/O 映像区或数据寄存器。在执行完所有的用户程序之后，CPU 将 I/O 映像区的各输出状态或输出寄存器内的数据传送到相应的输出装置。为了进一步提高 PLC 的可靠性，近年来对大型 PLC 还采用双 CPU 冗余系统，或采用三 CPU 的表决式系统。这样，即使某个 CPU 出现故障，整个系统仍能正常运行。

（二）存储器（ROM/RAM）

PLC 的存储器用来存放程序和数据。程序分系统程序和用户程序。

1. 系统程序存储器

系统程序存储器用于存放系统程序（系统软件）。系统程序是 PLC 研制者所编的程序，它是决定 PLC 性能的关键，相当于 PLC 中的操作系统。系统程序包括监控程序、管理程序、解释程序故障自诊断程序、功能子程序等。系统程序由制造厂家提供，一般固化在 ROM 或 EPROM 中，用户不能直接存取。系统程序用来管理、协调 PLC 各部分的工作，翻译、解释用户程序，进行故障诊断等。

2.用户程序存储器

用户程序存储器用于存放用户程序（应用软件）。用户程序是用户为解决实际问题并根据 PLC 的指令系统而编制的程序，它通过编程设备输入，经 CPU 存入用户程序存储器。为了便于程序的调试、修改、扩充、完善，该存储器通常使用 RAM。RAM 工作速度快，价格便宜，同时在 PLC 中配有锂电池（或其他电池），当外部电源断电时，可用于保存 RAM 中的信息。

3.变量（数据）存储器

变量存储器用于存放 PLC 的内部逻辑变量，如内部继电器、输入 / 输出状态寄存器、定时器 / 计数器中逻辑变量的当前值等，这些当前值在 CPU 进行逻辑运算时需随时读出、更新有关内容，所以，变量存储器也采用 RAM。

PLC 产品资料中通常所指的内存储器容量，是对用户程序存储器而言的，且以"字"（16 位 / 字）为单位来表示存储器的容量。

 课堂讨论

PLC 与单片机的区别是什么？

（三）输入 / 输出单元（I/O 单元）

输入 / 输出接口通常也称 I/O 单元或 I/O 模块，是 PLC 与工业生产现场之间的连接部件。PLC 通过输入接口可以检测被控对象的各种数据，并将这些数据作为它对被控制对象进行控制的依据；同时 PLC 又通过输出接口将处理结果送给被控对象，以实现控制的目的。

对于小型 PLC，厂家通常将 I/O 单元安装在 PLC 的本体；而对于中、大型 PLC，厂家通常都将 I/O 单元做成可供选取、扩充的模块组件，用户可根据自己的需要选取不同功能、不同点数的 I/O 组件来组成自己的控制系统。

为便于检查，每个 I/O 点都接有指示灯，某点接通时，相应的指示灯发光指示，用户可以方便地检查各点的通断状态。

1.输入接口

直流输入模块的输入电路如图 1-2 所示。该输入电路的特点是：双向光耦合器隔离了输入电路与 PLC 内部电路的电气连接，使外部信号（通 / 断）通过光耦合器变成内部电路能接收的标准信号（I/O）；电阻 R2 和电容 C 并联构成滤波电路，其作用是滤掉输入信号的高频抖动；双向发光二极管 VL 用于工作状态（开关 SB1 的闭合 / 断开）指示。

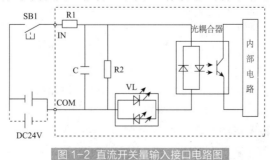

图 1-2　直流开关量输入接口电路图

2. 输出接口

输出接口是将 CPU 的输出信号转换成驱动外部设备工作的信号。为适应不同的负载，输出接口有多种方式，常用的有晶体管输出方式、晶闸管输出方式和继电器输出方式。晶体管输出方式用于直流负载；双向晶闸管输出方式用于交流负载；继电器输出方式可用于直流负载，也可用于交流负载。

图 1-3 所示电路是继电器输出接口电路。当 PLC 通过输出映像存储器在输出点输出零电平时，继电器 KA 得电，其常开触点闭合，负载得电。一般输出可带 2 A 的负载。

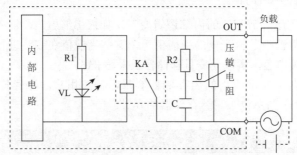

图 1-3 继电器接口输出电路图

为了实现现场负载与 PLC 主机的电气隔离，提高抗干扰能力，晶体管输出方式和晶闸管输出方式要采用光电隔离，继电器输出方式因继电器本身有电气隔离作用，故接口电路中没有设置光电耦合器。

I/O 点数是指输入点及输出点之和，是衡量 PLC 规模的指标。一般地，将 I/O 总点数在 64 点及以下的称为微型 PLC；总点数在 64 ~ 256 点之间的称为小型 PLC；总点数在 256 ~ 2048 点之间的称为中型 PLC；总点数在 2048 点以上的称为大型 PLC 等。

当一个 PLC 中心单元的 I/O 点数不够用时，可以对系统进行扩展。PLC 的扩展接口就是用于连接中心基本单元与扩展单元的。

（四）外部设备

PLC 的外部设备种类很多，总体来说可以概括为四大类：编程设备、监控设备、存储设备、输入输出设备。

1. 编程设备

编程设备的作用是编辑、调试、输入用户程序，也可在线监控 PLC 内部状态和参数，与 PLC 进行人机对话。它是开发、应用、维护 PLC 不可缺少的工具。编程装置可以是专用编程器，也可以是配有专用编程软件包的通用计算机系统。专用编程器是由 PLC 厂家生产，专供该厂家生产的某些 PLC 产品使用，它主要由键盘、显示器和外存储器接插口等部件组成。专用编程器有简易编程器和智能编程器两类。

简易编程器只能联机编程，而不能直接输入和编辑梯形图程序，需将梯形图程序转化为指令表程序才能输入。简易编程器体积小、价格便宜，它可以直接插在 PLC 的编程插座上，或者用专用电缆与 PLC 相连，以方便编程和调试。有些简易编程器带有存储盒，可用来存储用户程序，如三菱的 FX-20P-E 简易编程器。

智能编程器又称图形编程器，本质上它是一台专用便携式计算机，如三菱的 GP-80FX-E 智能型编程器。它既可联机编程，又可脱机编程；可直接输入和编辑梯形图程序，使用更加直观、方便，但价格较高，操作也比较复杂。大多数智能编程器带有磁盘驱动器，并可提供录音机接口和打印机接口。

2. 监控设备

PLC将现场数据实时上传给监控设备，监控设备则将这些数据动态实时显示出来，以便操作人员和技术人员随时掌握系统的运行情况，操作人员能够通过监控设备向PLC发送操控指令，也把具有这种功能的设备称为"人机界面"。PLC厂家通常都提供专用的人机界面设备，目前使用较多的有操作屏和触摸屏等。这两种设备均采用液晶显示屏，通过专用的开发软件可设计用户工艺流程图，与PLC联机后能够实现现场数据的实时显示。操作屏同时还提供多个可定义功能的按键，而触摸屏则可以将控制键直接定义在流程图的画面中，使得控制操作更加直观。

3. 存储设备

存储设备用于保存用户数据，避免用户程序丢失。其种类有存储卡、存储磁带、软磁盘或只读存储器等多种形式，配合这些存储载体，有相应的读写设备和接口部件。

4. 输入输出设备

输入输出设备用于接收信号和输出信号，如条码读入器、打印机等。

（五）电源（PS）

PLC的电源在整个系统中起着十分重要的作用。如果没有一个良好的、可靠的电源系统，那么PLC是无法正常工作的，因此PLC的制造商对电源的设计和制造也十分重视。一般地，交流220V电压波动在±10%或±15%范围之内，可以不用采取其他措施就可以将PLC直接连接到交流电网上去。

三、可编程控制器的工作原理

可编程控制器是一种数字运算操作的电子系统，专为在工业环境下应用而设计。PLC采用周期循环扫描的工作方式，其CPU连续执行用户程序和任务的循环序列称为扫描。CPU对用户程序的执行过程是CPU的循环扫描，并用周期性地集中输出的方式来完成现场信号的采集和控制任务。整个过程扫描并执行一次所需的时间称为扫描周期，如图1-4所示。

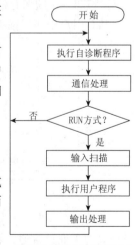

图1-4 PLC工作原理

（一）自诊断程序执行阶段

每次扫描开始，先执行一次自诊断程序，对各输入点、输出点、存储器和CPU等进行诊断，诊断的方法通常是测试出各部分的当前状态，并与正常的标准状态进行比较，若两者一致，说明各部分工作正常；若不一致则认为有故障，此时PLC立即启动关机程序，保留当前工作状态，并关断所有输出点，然后停机。

（二）通信处理阶段

自诊断结束后，如没发现故障，PLC将继续向下执行，检查是否有编程器等的通信请求，若有则进行相应的处理。例如，接收编程器发来的命令，把要显示的状态数据、出错信息送给编程器显示等。

（三）输入扫描阶段

执行完通信操作后，PLC 继续向下执行，进入输入扫描阶段。在此阶段，PLC 以扫描方式依次地读入所有输入状态和数据，并将它们存入输入映像存储器中相应的单元内。输入采样结束后，转入用户程序执行和输出刷新阶段。在这两个阶段，不再对输入状态和数据进行扫描，因此即使输入状态和数据发生了变化，输入映像存储器中相应单元的状态和数据也不会改变，这种变化只有在下一个扫描周期的输入扫描阶段才能被读入。因此，如果输入是脉冲信号，那么其宽度必须大于一个扫描周期，才能保证在任何情况下，该脉冲信号均能被读入。

（四）用户程序执行阶段

在用户程序执行阶段，PLC 总是按自上而下、自左向右的顺序对用户程序进行逻辑运算的。在整个用户程序执行过程中，输入点在输入映像存储器内的状态和数据不会发生变化，而输出点和软设备在输出映像存储器或系统 RAM 存储器内的状态和数据都有可能发生变化，而且排在上面的梯形图，其程序执行结果会对排在下面的用到这些状态和数据的梯形图起作用；相反，排在下面的梯形图，其被刷新的状态或数据只能到下一个扫描周期才能对排在其上面的程序起作用。

（五）输出刷新阶段

在 PLC 执行完用户程序的所有指令后，在本阶段将输出映像存储器中的内容送入输出锁存器，以驱动现场执行元件工作。

同输入扫描阶段类似，PLC 对所有外部信号的输出是统一进行的，在用户程序执行阶段，输出映像存储器的内容发生改变将不会影响现场执行元件的工作，直到输出刷新阶段将输出映像存储器的内容集中输出，现场执行元件的状态才会发生相应的改变。

PLC 用户程序扫描工作过程如图 1-5 所示。

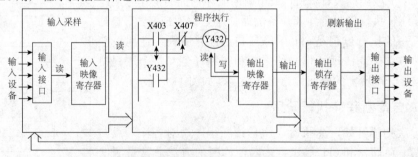

图 1-5 PLC 用户程序扫描工作过程

PLC 扫描周期的长短主要取决于程序的长短，通常在几十到几百毫秒之间，它对于一般的工业设备通常没有什么影响。但对于控制时间要求较严格、响应速度要求较快的系统，为缩短扫描周期而造成的响应延时等不良影响，在编程时应对扫描周期进行计算，并尽量缩短和优化程序代码。

由 PLC 的工作过程可见，在 PLC 的程序执行阶段，即使输入发生了变化，输入状态寄存器的内容也不会立即改变，要等到下一个扫描周期输入处理阶段才能改变。暂存在输出状态寄存器中的输出信号，要等到一个循环周期结束，CPU 才集中将这些输出信号全部输出给输出寄存器，称为实际的 PLC 输出。因此，全部输入、输出状态的改变就需要一个扫描周期，换言之，输入 / 输出的状态保持一个扫描周期。

四、可编程控制器的主要技术指标

可编程控制器的种类很多，用户可以根据控制系统的具体要求选择不同技术性能指标的 PLC。可编程控制器的技术指标主要有以下几个方面。

（一）输入 / 输出（I/O）点数

I/O 点数是评价一个系列的 PLC 可适用于何等规模的系统的重要参数，通常厂家的技术手册都会给出相应 PLC 的最大数字 I/O 点数及最大模拟量 I/O 通道数，反映了该类型 PLC 的最大输入、输出规模。

（二）存储器容量

厂家提供的存储容量指标一般均指用户程序存储器容量，体现了用户程序可以达到的规模，一般以 KB（千字节）、MB（百万字节）表示。有些 PLC 的用户程序存储器需要另购外插的存储器卡，或者可用存储卡扩充。

（三）扫描速度

扫描速度指标体现了 PLC 指令执行速度的快慢，是对控制系统实时性能的评价指标。一般用 ms/K 单位来表示，即执行 1K 步所需时间。

（四）指令系统

PLC 指令系统拥有的指令种类和数量是衡量其软件功能强弱的重要指标。PLC 具有的指令种类越多，说明其软件功能越强。PLC 指令一般分为基本指令和高级指令两部分。

（五）内部元件的种类与数量

在编制 PLC 程序时，需要用到大量的内部元件来存放变量、中间结果、保持数据、定时计数、模块设置和各种标志位等信息。而这些信息都需要在 PLC 内部的继电器和寄存器中存放，这些元件的种类与数量越多，表示 PLC 存储和处理各种信息的能力越强。

（六）特殊功能单元

除基本功能外，评价 PLC 技术水平的指标还有一些特殊功能，如自诊断功能、通信联网功能、远程 I/O 能力等，以及 PLC 所能提供的特殊功能模块，如高速计数模块、位置控制模块、闭环控制模块等。

（七）可扩展能力

PLC 的可扩展能力包括 I/O 点数的扩展、存储容量的扩展、联网功能的扩展、各种功能模块的扩展等。在选择 PLC 时，经常需要考虑 PLC 的可扩展能力。

另外，厂家的产品手册上还提供 PLC 的负载能力、外形尺寸、重量、保护等级、适用的安装和使用环境（如温度、湿度）等性能指标参数，供用户参考。

五、可编程控制器的分类

PLC 产品的种类繁多，其规格和性能也各不相同。对 PLC 的分类，通常根据其结构形式的不同、功能的差异和 I/O 点数的多少等进行大致分类。

按结构分可将 PLC 分为整体式 PLC 和模块式 PLC 两类。

（一）整体式 PLC

整体式 PLC 是将电源、CPU、I/O 接口等部件都集中装在一个机箱内，具有结构紧凑、体积小、价格低的特点。小型 PLC 一般采用这种整体式结构。整体式 PLC 由不同 I/O 点数的基本单元（又称主机）和扩展单元组成。基本单元内有 CPU、I/O 接口、与 I/O 扩展单元相连的扩展口，以及与编程器或 EPROM 写入器相连的接口等。扩展单元内只有 I/O 单元和电源等，没有 CPU。基本单元和扩展单元之间一般用扁平电缆连接。整体式 PLC 一般还可配备特殊功能单元，如模拟量单元、位置控制单元等，使其功能得以扩展。

（二）模块式 PLC

模块式 PLC 是将 PLC 各组成部分，分别做成若干个单独的模块，如 CPU 模块、I/O 模块、电源模块（有的含在 CPU 模块中）及各种功能模块。模块式 PLC 由框架（或基板）和各种模块组成，模块装在框架或基板的插座上。这种模块式 PLC 的特点是配置灵活，可根据需要选配不同规模的系统，而且装配方便，便于扩展和维修。大、中型 PLC 一般采用模块式结构。

还有一些 PLC 将整体式和模块式的特点结合起来，构成所谓"叠装式 PLC"。叠装式 PLC 的 CPU、电源、I/O 接口等也是各自独立的模块，但它们之间是靠电缆进行连接的，并且各模块可以一层层地叠装。这样，不但系统可以灵活配置，还可做得体积小巧。

根据 PLC 的容量，可将 PLC 分为小型、中型和大型三类。

（1）小型 PLC   I/O 点总数一般小于或等于 256 点。其特点是体积小、结构紧凑，整个硬件融为一体，除了开关量 I/O 以外，还可以连接模拟量 I/O 和其他各种特殊功能模块。它能执行包括逻辑运算、计时、计数、算术运算、数据处理和传送、通信联网及各种应用指令，如 OMRON 的 C**P/H、CPM1A 系列、CPM2A 系列、CQM 系列，SIMENS 的 S7-200 系列。

（2）中型 PLC   I/O 点总数通常从 256 点至 2048 点，内存在 8KB 以下，I/O 的处理方式除了采用一般 PLC 通用的扫描处理方式外，还能采用直接处理方式，即在扫描用户程序的过程中，直接读输入、刷新输出。它能连接各种特殊功能模块，通信联网功能更强，指令系统更丰富，内存容量更大，扫描速度更快，如 OMRON 的 C200P/H，SIMENS 的 S7-300 系列。

（3）大型 PLC   一般 I/O 点数在 2048 点以上的称为大型 PLC。大型 PLC 的软、硬件功能极强，具有极强的自诊断功能。通信联网功能强，有各种通信联网的模块，可以构成三级通信网，实现工厂生产管理自动化，如 OMRON 的 C500P/H、C1000P/H 和 SIMENS 的 S7-400 系列。

在实际应用中，一般 PLC 功能的强弱与其 I/O 点数的多少是相互关联的，即 PLC 的功能越强，其可配置的 I/O 点数越多。因此，通常所说的小型、中型、大型 PLC，除指其 I/O 点数不同外，同时也表示其对应功能为低档、中档、高档。

知识链接

目前，世界上有 200 多个厂家生产 300 多种 PLC 产品，如欧姆龙，三菱，AB，Siemens，Schneider，ABB，Panasonic，…

六、可编程控制器的特点与应用领域

（一）可编程控制器的特点

1. 编程方法简单易学

梯形图是使用得最多的 PLC 编程语言，其电路符号和表达方式与继电器电路原理图相似。梯形图语言形象直观，易学易懂，熟悉继电器电路图的电气技术人员只需花几天时间就可以熟悉梯形图语言，并用来编制数字量控制系统的用户程序。

2. 功能强，性能价格比高

一台 PLC 内有成千上万个可供用户使用的编程元件，可以实现非常复杂的控制功能。与相同功能的继电器系统相比，具有很高的性能价格比。PLC 可以通过通信联网，实现分散控制，集中管理。

3. 硬件配套齐全，用户使用方便，适应性强

PLC 产品已经标准化、系列化、模块化，配备有品种齐全的各种硬件装置供用户选用，用户能灵活方便地进行系统配置，组成不同功能、不同规模的系统。PLC 的安装接线也很方便，一般用接线端子连接外部接线。PLC 有较强的带负载能力，可以直接驱动大多数电磁阀和中小型交流接触器。硬件配置确定后，通过修改用户程序，就可以方便快速地适应工艺条件的变化。

4. 可靠性高，抗干扰能力强

传统的继电器控制系统使用了大量的中间继电器和时间继电器。由于触点接触不良，容易出现故障。PLC 用软件代替中间继电器和时间继电器，仅剩下与输入和输出有关的少量硬件元件，接线可减少到继电器控制系统的 1/10 以下，大大减少了因触点接触不良造成的故障。PLC 使用了一系列硬件和软件抗干扰措施，具有很强的抗干扰能力，平均无故障时间达到数万小时以上，可以直接用于有强烈干扰的工业生产现场，PLC 被广大用户公认为最可靠的工业控制设备之一。

5. 系统的设计、安装、调试工作量少

PLC 用软件功能取代了继电器控制系统中大量的中间继电器、时间继电器、计数器等器件，使控制柜的设计、安装、接线工作量大大减少。PLC 的梯形图程序可以用顺序控制设计法来设计，此方法很有规律，很容易掌握。对于复杂的控制系统，用这种方法设计程序的时间比设计继电器系统电路图的时间要少得多。可以用仿真软件 PLCSIM 来模拟 S7-300/400 的 CPU 模块的功能，用它来调试用户程序。在现场调试过程中，一般通过修改程序就可以解决发现的问题，系统的调试时间比继电器系统少得多。

chapter 01
chapter 02
chapter 03
chapter 04
chapter 05
chapter 06
appendix

6. 维修工作量小，维修方便

PLC 的故障率很低，并且有完善的故障诊断功能。PLC 或外部的输入装置和执行机构发生故障时，可以根据信号模块上的发光二极管或编程软件提供的信息，方便快速地查明故障的原因，用更换模块的方法可以迅速地排除故障。

7. 体积小，能耗低

复杂的控制系统使用 PLC 后，可以减少大量的中间继电器和时间继电器，小型 PLC 的体积仅相当于几个继电器的大小，因此可以将开关柜的体积缩小到原来的 1/10 ～ 1/2。PLC 控制系统与继电器控制系统相比，配线用量少，安装接线工时短，加上开关柜体积的缩小，因此可以节省大量的费用。

（二）可编程控制器的应用领域

目前，可编程控制器在国内外已广泛应用于钢铁、石油、化工、电力、建材、机械制造、汽车、轻纺、交通运输、环保及文化娱乐等各个行业，使用情况大致可归纳为如下几类。

1. 开关量的逻辑控制

这是可编程控制器最基本、最广泛的应用领域，它取代传统的继电器电路，实现逻辑控制、顺序控制，既可用于单台设备的控制，也可用于多机群控及自动化流水线，如注塑机、印刷机、订书机械、组合机床、磨床、包装生产线、电镀流水线等。

2. 模拟量控制

在工业生产过程中，有许多连续变化的量，如温度、压力、流量、液位和速度等都是模拟量。为了使可编程控制器能处理模拟量，必须实现模拟量（Analog）和数字量（Digital）之间的 A/D 转换及 D/A 转换。PLC 厂家都生产配套的 A/D 和 D/A 转换模块，使可编程控制器用于模拟量控制。

3. 运动控制

可编程控制器可以用于圆周运动或直线运动的控制。从控制机构配置来说，早期直接用于开关量 I/O 模块连接位置传感器和执行机构，现在一般使用专用的运动控制模块，如可驱动步进电机或伺服电机的单轴或多轴位置控制模块。世界上各主要 PLC 厂家的产品几乎都有运动控制功能，广泛用于各种机械、机床、机器人、电梯等场合。

4. 过程控制

过程控制是指对温度、压力、流量等模拟量的闭环控制。作为工业控制计算机，PLC 能编制各种各样的控制算法程序，完成闭环控制。PID 调节是一般闭环控制系统中用得较多的调节方法。大中型 PLC 都有 PID 模块，目前许多小型 PLC 也具有此功能模块。PID 处理一般是运行专用的 PID 子程序。过程控制在冶金、化工、热处理、锅炉控制等场合有非常广泛的应用。

5. 数据处理

现代可编程控制器具有数学运算（含矩阵运算、函数运算、逻辑运算）、数据传送、数据转换、排序、查表、位操作等功能，可以完成数据的采集、分析及处理。这些数据可以与存储在存储器中的参考值比较，完成一定的控制操作，也可以利用通信功能传送到别的智能装置，或将它们打印制表。数据处理一般用于大型控制系统，如无人控制的柔性制造系统；也可用于过程控制系统，如造纸、冶金、食品工业中的一些大型控制系统。

6. 通信及联网

可编程控制器通信包括可编程控制器间的通信及可编程控制器与其他智能设备间的通信。随着计算机控制的发展，工厂自动化网络发展得很快，各 PLC 厂商都十分重视 PLC 的通信功能，纷纷推出各自的网络系统。新近生产的 PLC 都具有通信接口，通信非常方便。

21 世纪，可编程控制器会有更大的发展。从技术上看，计算机技术的新成果会更多地应用于可编程控制器的设计和制造上，会有运算速度更快、存储容量更大、智能更强的产品出现；从产品规模上看，会进一步向超小型及超大型方向发展；从产品的配套性上看，产品的品种会更丰富、规格更齐全，完美的人机界面、完备的通信设备会更好地适应各种工业控制场合的需求；从市场上看，各国各自生产多品种产品的情况会随着国际竞争的加剧而打破，会出现少数几个品牌垄断国际市场的局面，会出现国际通用的编程语言；从网络的发展情况来看，可编程控制器和其他工业控制计算机组网构成大型的控制系统是可编程控制器技术的发展方向。目前，计算机集散控制系统（DCS, Distributed Control System）中已有大量的可编程控制器应用。伴随着计算机网络的发展，可编程控制器作为自动化控制网络和国际通用网络的重要组成部分，将在工业及工业以外的众多领域发挥越来越大的作用。

七、可编程控制器的发展方向

（一）微型、小型 PLC 功能明显增强

很多知名的 PLC 厂家相继推出高速、高性能、小型、特别是微型的 PLC。三菱的 fxos14 点（8 个 24V DC 输入，6 个继电器输出），其尺寸仅为 58mm×89mm，仅大于信用卡几个毫米，而功能却有所增强，使 PLC 的应用领域扩大到远离工业控制的其他行业，如快餐厅、医院手术室、旋转门和车辆等，甚至引入家庭住宅、娱乐场所和商业部门。

（二）集成化发展趋势增强

由于控制内容的复杂化和高难度化，使 PLC 向集成化方向发展，如 PLC 与 PC 集成、PLC 与 DCS 集成、PLC 与 PID 集成等，并强化了通信能力和网络化，尤其是以 PC 为基础的控制产品增长率最快。PLC 与 PC 集成，即将计算机、PLC 及操作人员的人—机接口结合在一起，使 PLC 能利用计算机丰富的软件资源，而计算机能和 PLC 的模块交互存取数据。以 PC 机为基础的控制容易编程和维护用户的利益，开放的体系结构提供灵活性，最终降低成本和提高生产率。

（三）向开放性转变

PLC 曾存在严重的缺点，主要是 PLC 的软、硬件体系结构是封闭而不是开放的，绝大多数的 PLC 是专用总线、专用通信网络及协议，编程虽多采用梯形图，但各公司的组态、寻址等不一致，使各种 PLC 互不兼容。国际电工协会（IEC）在 1992 年颁布了 IEC 1131-3《可编程序控制器的编程软件标准》，为各 PLC 厂家编程的标准化铺平

了道路。现在开发以 PC 为基、在 Windows 平台下，符合 IEC 1131-3 国际标准的新一代开放体系结构的 PLC 正在规划中。

任务实施

一、认识 S7-200

S7-200 可编程控制器是由德国西门子公司生产的一款小型可编程逻辑控制器，适用于各行各业，各种场合中的检测、监测及控制的自动化。其组成图如图 1-6 所示。

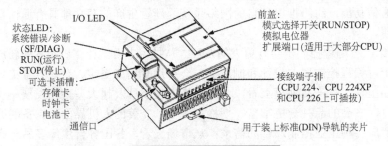

图 1-6 S7-200 PLC 的组成

1. S7-200 CPU

根据配置的 CPU 不同，S7-200 衍生出各种不同的型号，包括 CPU 221、CPU 222、CPU 224、CPU 224XP、CPU226 等。各型号技术指标如表 1-1 所示。

表 1-1 S7-200 各型号技术指标

特性	CPU221	CPU222	CPU224	CPU224XP	CPU226
外形尺寸（mm^3）	90×80×62	90×80×62	120.5×80×62	140×80×62	190×80×62
程序存储器： 可在运行模式下编辑 不可在运行模式下编辑	4096B 4096B	4096B 4096B	8192B 12288B	12288B 16384B	16384B 24576B
数据存储区	2048B	2048 B	8192B	10240B	10240B
掉电保持时间	50h	50h	100h	100h	100h
本机 I/O 数字量 模拟量	6 入 /4 出 —	8 入 /6 出 —	14 入 /10 出 —	14 入 /10 出 2 入 /1 出	24 入 /16 出 —
扩展模块数量	0 个模块	2 个模块[1]	7 个模块[1]	7 个模块[1]	7 个模块[1]
高速计数器 单相	4 路 30kHz	4 路 30kHz	6 路 30kHz	4 路 30kHz 2 路 200kHz	6 路 30kHz
双机	2 路 20kHz	2 路 20kHz	4 路 20kHz	3 路 20kHz 1 路 100kHz	4 路 20kHz
脉冲输出（DC）	2 路 20kHz	2 路 20kHz	2 路 20kHz	2 路 100kHz	2 路 20kHz
模拟电位器	1	1	2	2	2
实时时钟	配时钟卡	配时钟卡	内置	内置	内置
通信口	1 RS-485	1 RS-485	1 RS-485	2 RS-485	2 RS-485
浮点数运算	有				
I/O 映像区	256（128 入 /128 出）				
布尔指令执行速度	0.22μs/ 指令				

■‖ 2. S7-200 扩展模块

为了更好地满足多领域的应用要求，S7-200 系列设计了多种类型的扩展模块。这些扩展模块可以完善 CPU 的功能，增强 S7-200 的应用性。表 1-2 列出了 S7-200 现有的扩展模块。

表 1-2 S7-200 扩展模块

扩展模块数量		型号		
数字量模块	输入	8×DC 输入	8×AC 输入	16×DC 输入
	输出	4×DC 输出	4× 继电器输出	8× 继电器输出
		8×DC 输出	8×AC 输出	16×DC 输入 /16×DC 输出
	混合	4×DC 输入 /4×DC 输出	8×DC 输入 /8×DC 输出	16×DC 输入 /16× 继电器
		4×DC 输入 /4× 继电器输出	8×DC 输入 /8× 继电器 输出	
模拟量模块	输入	4 输入	4 热电偶输入	2 热电阻输入
	输出	2 输出		
	混合	4 输入 /1 输出		
智能模块		定位	调制解调器	PROFIBUS-DP
		以太网	互联网	
其他模块		ASI		

▌ 二、S7-200 的安装

S7-200 体积小巧，而且设计十分巧妙，可以十分方便地进行安装。可以利用安装孔把模块固定在控制柜的背板上，也可以利用设备上的 DIN 夹子，把模块固定在一个标准的导轨上。

■‖ 1. 安装的先决条件

STEP 1 在安装前，要确保该设备的供电已被切断。同样，也要确保与该设备相关联的设备的供电被切断。如果在带电状况下安装 S7-200 及其相关设备，很可能导致设备误动作，甚至有可能造成电击等严重的人身伤害事故。

STEP 2 在安装前，要确保使用了正确的模块和等同的模块。若安装了不正确的模块，则可能导致 S7-200 程序误动作。此外，除了保证正确的模块外，还应注意安装的方向和位置是否正确。

■‖ 2. 安装尺寸

在安装前，一定要确保安装位置有足够的尺寸，并预留一定的散热位置。这能够确保 S7-200 能够顺利安装并稳定工作。S7-200 的安装尺寸如图 1-7 和表 1-3 所示。

chapter 01

chapter 02

chapter 03

chapter 04

chapter 05

chapter 06

appendix

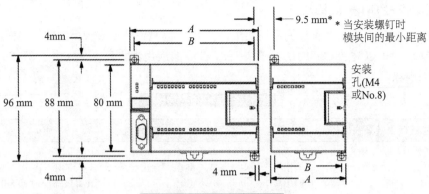

图 1-7 S7-200 的安装尺寸

表 1-3 安装尺寸

S7-200 模块	宽度 A	宽度 B
CPU221 和 CPU222	90 mm	82 mm
CPU224	120.5 mm	112.5 mm
CPU224XP	140 mm	132 mm
CPU226		
扩展模块：4 点、8 点直流和继电器 I/O（8I、4Q、8Q、4I/4Q）及模拟量输出（2AQ）	46 mm	38 mm
扩展模块：16 点数字量 I/O（16I、8I/8Q）、模拟量 I/O（4AI、4AI/1AQ）、RTD、热电偶、PROFIBUS、以太网、因特网、AS- 涌淞点交流（8I 和 8Q）、定位模块和 Modem 模块	71.2 mm	63.2 mm
扩展模块：32 点数字量 I/O（16I/16Q）	137.3 mm	129.3 mm

3. CPU 和扩展模块的安装

1）面板的安装步骤如下：

STEP 1　按照表 1-3 所示的尺寸进行定位、钻安装孔，安装孔需配合 M4 或美国标准 8 号螺钉；

STEP 2　用合适的螺钉将设备固定在面板上；

STEP 3　将扩展模块的扁平电缆连到前盖下面的扩展口，以便使用扩展模块。

2）DIN 导轨的安装方式如下：

STEP 1　保持导轨到安装面板的距离为 75mm；

STEP 2　打开设备底部的 DIN 夹子，将设备背部卡在 DIN 导轨上；

STEP 3　将扩展模块的扁平电缆连到前盖下面的扩展口，以便使用扩展模块；

STEP 4　旋转设备贴近导轨，合上 DIN 夹子，仔细检查设备上的 DIN 夹子与导轨是否紧密固定。如果未固定好，可按压安装孔的部分。但切忌按压设备正面，以免损坏设备。

小提示

当 S7-200 的使用环境振动较大，或者需要垂直安装时，应该使用 DIN 导轨挡块。当系统处于高振动环境中时，应该使用面板安装的方式，以便得到更高的抗震等级。

任务评价

序号	检查项目	评价方式（总分100分）
1	安装前是否进行断电检查	若未进行断电检查，记零分
2	安装尺寸是否合适，是否预留散热空间	尺寸错误记零分，未预留散热位置扣 30 分
3	两种安装方式是否均满足紧密牢固的要求，安装过程中的操作是否正确	安装不紧密扣 20 分，操作错误扣 30 分

chapter 01

chapter 02

chapter 03

chapter 04

chapter 05

chapter 06

appendix

任务二：拆卸 S7-200

任务引入

在实际应用 PLC 时，如果安装过程中出现错误，或程序在实验室编好、调好之后需要在工业现场使用，那么如何把 PLC 拆卸掉，就需要我们自己动手解决了。通过对 PLC 进行拆卸，可以使学生更好得掌握可编程控制器的系统构成及系统配置。

任务分析

本任务通过了解 S7-200 的系统构成，并动手操作拆卸这款可编程控制器，从而掌握关于可编程控制器的一些基础知识，为之后的学习做准备。

知识准备

一、S7-200 PLC 的系统构成

德国的西门子 (SIEMENS) 公司是欧洲最大的电子和电气设备制造商，生产的 SIMATIC 可编程控制器在欧洲处于领先地位。其第一代可编程控制器是 1975 年投放市场的 SIMATIC S3 系列的控制系统。在 1979 年，微处理器技术被应用到可编程控制器中，产生了 SIMATIC S5 系列。在 1996 年又推出了 S7 系列产品，它包括小型 PLC S7-200、中型 PLC S7-300 和大型 PLC S7-400。S7-200 系列 PLC 是一类小型 PLC，其外观如图 1-8(a) 所示。

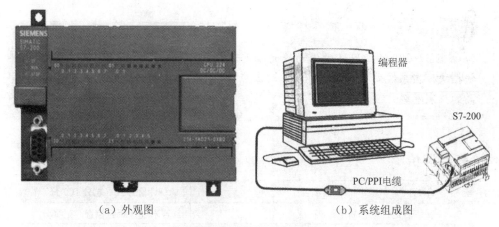

(a) 外观图　　　　　　　　　　　　(b) 系统组成图

图 1-8 S7-200 系列 PLC

　　由于 S7-200 系列 PLC 具有紧凑的设计、良好的扩展性、低廉的价格和强大的指令系统，使得它能近乎完美地满足小规模的控制要求，适用于各行各业、各种场合中的检测、监测及控制的自动化。S7-200 系列的强大功能使其无论在独立运行中，还是相连成网络，皆能实现复杂的控制功能。另外，其丰富的 CPU 类型及电压等级，使其在解决用户的自动化问题时，具有很强的适应性。

　　S7-200 PLC 系统由基本单元 (S7-200 CPU 模块)、个人计算机 (PC) 或编程器、STEP7-Micro/WIN32 编程软件、通信电缆构成，如图 1-8(b) 所示。

（一）基本单元

　　基本单元 (S7-200 CPU 模块) 也称为主机，为整体式结构，如图 1-9 所示，它由一个中央处理单元 (CPU)、I/O 模块、电源组成，这些被集成在一个箱型塑料机壳内。

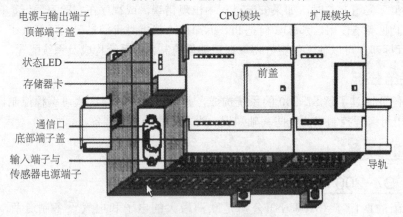

图 1-9 CPU 模块结构图

（二）个人计算机或编程器

　　个人计算机 (PC) 或编程器在安装上 STEP7-Micro/WIN32 编程软件后，才可供用户进行程序的编写、编辑、调试和监视等。要求计算机 CPU 为 80586 或更高的处理器，内存容量为 16MB。

（三）STEP7-Micro/WIN32 编程软件

STEP7-Micro/WIN32 编程软件的基本功能是创建、编辑、调试用户程序和组态系统等。该编程软件支持 Windows 的应用软件。

（四）通信电缆

通信电缆（如 PC/PPI）用来实现 PLC 与个人计算机 (PC) 的通信。

为适应不同控制要求的场合，西门子公司推出多种 S7-200 PLC 主机的型号、规格。S7-200 CPU22X 系列产品有 CPU221 模块、CPU222 模块、CPU224 模块、CPU226 模块、CPU226XM 模块，所有型号都带有数量不等的数字量输入输出 (I/O) 点。S7-200 CPU 模块结构如图 1-9 所示，在顶部端子盖内有电源及输出端子；在底部端子盖内有输入端子及传感器电源；在中部右前侧盖内有 CPU 工作方式开关（RUN/STOP/TERM）、模拟调节电位器和扩展 I/O 接口；在模块左侧分别有状态 LED 指示灯、存储卡及通信接口。

知识链接

CPU 的速度和内存容量是 PLC 的重要参数，它们决定着 PLC 的工作速度，I/O 数量及软件容量等，因此限制着控制规模。

二、S7-200 PLC 的系统配置

（一）S7-200 PLC 的基本配置

从 CPU 模块的功能来看，SIMATIC S7-200 系列小型可编程控制器发展至今，大致经历了下面两代产品。

第一代产品：其 CPU 模块为 CPU21X，主机都可进行扩展。S7-21X 系列有 CPU212、CPU214、CPU215 和 CPU216 等几种型号。

第二代产品：其 CPU 模块为 CPU22X，是在 21 世纪初投放市场的，速度快，具有较强的通信能力。S7-22X 系列主要有 CPU221、CPU222、CPU224、CPU226 和 CPU224XP 等几种型号，除 CPU221 之外，其他都可增加扩展模块。

2004 年，西门子公司推出了 S7-200 CN 系列 PLC，是专门针对中国市场的产品。

对于每个型号，有直流 (24V) 和交流 (120 ~ 220V) 两种电源供电的 CPU 类型。

• DC/DC/DC：说明 CPU 是直流供电，直流数字量输入，数字量输出点是晶体管直流电路的类型。

• AC/DC/Relay：说明 CPU 是交流供电，直流数字量输入，数字量输出点是继电器触点的类型。

对于 S7-200 CPU 上的输出点来说，凡是 DC24V 供电的 CPU 都是晶体管输出，AC220V 供电的 CPU 都是继电器接点输出。

不同型号的 CPU 模块具有不同的规格参数。表 1-4 为 CPU22X 系列的技术指标。

chapter 01
chapter 02
chapter 03
chapter 04
chapter 05
chapter 06
appendix

表 1-4 S7-200 CPU22X 系列的技术指标

特性	CPU221	CPU222	CPU224	CPU224XP	CPU226
外形尺寸（mm³）	90×80×62		120.5×80×62	140×80×62	190×80×62
程序存储器（B）					
运行模式下能编辑	4KB	4KB	8KB	12KB	16KB
运行模式下不能编辑	4KB	4KB	12KB	16KB	24KB
数据存储器（B）	2KB	2KB	8KB	10KB	10KB
掉电保持时间（电容）	50h		100h		
本机 I/O：数字量	6入/4出	8入/6出	14入/10出	14入/10出	24入/16出
模拟量	无	无	无	2入/1出	无
扩展模块数量（个）	0	2	7	7	7
高速计数器：	共4路	共4路	共6路	共6路	共6路
单相	4路30kHz	4路30kHz	6路30kHz	4路30 kHz 2路200 kHz	6路30kHz
双相	2路20kHz	2路20kHz	4路20kHz	3路20 kHz 1路100 kHz	4路20kHz
脉冲输出（DC）	2路20kHz			2路100 kHz	2路20kHz
模拟电位器	1	1	2	2	2
实时时钟	配时钟卡	配时钟卡	内置	内置	内置
通信口	1 RS-485	1 RS-485	1 RS-485	2 RS-485	2 RS-485
浮点数运算	有				
数字量 I/O 映像区	128入/128出				
模拟量 I/O 映像区	无	16入/16出	32入/32出		
布尔指令执行速度	0.22μs/指令				
供电能力（mA） 5VDC	0	340	660		1000
24VDC	180	180	280		400

S7-200 PLC 各型号主机的 I/O 配置是固定的，它们具有固定的 I/O 地址。S7-200 CPU22X 系列产品的 I/O 配置及地址分配见表 1-5。

表 1-5 S7-200 CPU22X 系列产品的 I/O 配置及地址分配

项　目	CPU221	CPU222	CPU224	CPU226
本机数字量输入地址分配	6 输入 I0.0~I0.5	8 输入 I0.0~I0.7	14 输入 I0.0~I0.7 I1.0~I1.5	24 输入 I0.0~I0.7 I1.0~I1.7 I2.0~I2.7
本机数字量输出地址分配	4 输出 Q0.0~Q0.3	6 输出 Q0.0~Q0.5	10 输出 Q0.0~Q0.7 Q1.0~Q1.1	16 输出 Q0.0~Q0.7 Q1.0~Q1.7
本机模拟量输入/输出	无	无	无	无
扩展模块数量	无	2 个模块	7 个模块	7 个模块

（二）S7-200 PLC 的扩展配置

采用主机带扩展模块的方法可以扩展 S7-200 PLC 的系统配置。采用数字量模块或模拟量模块可扩展系统的控制规模；采用智能模块可扩展系统的控制功能。S7-200 主机带扩展模块进行扩展配置时会受到相关因素的限制。

S7-200 CPU 为了扩展 I/O 点和执行特殊的功能，可以连接扩展模块（除 CPU221 外）。扩展模块主要有以下几类：数字量 I/O 模块；模拟量 I/O 模块和热电偶热电阻模块。

▌1. 数字量 I/O 扩展模块

（1）数字量 I/O 扩展模块的分类

数字量 I/O 模块用来扩展 S7-200 系统的数字量 I/O 数量。根据不同的控制需要，可以选取 8 点、16 点和 32 点的数字量 I/O 扩展模块。连接时，将 CPU 模块放在最左侧，扩展模块用扁平电缆与左侧的模块相连。数字量 I/O 扩展模块主要分为：数字量输入模块（EM221）、数字量输出模块（EM222）及数字量输入 / 输出模块（EM223），见表 1-6。

表 1-6　数字量 I/O 扩展模块的分类

型　号	各组输入点数	各组输出点数
EM221 8 点 DC24V 输入	4，4	无
EM221 8 点 AC120/230V 输入	8 点相互独立	无
EM221 16 点 DC24V 输入	4，4，4，4	无
EM222 4 点 DC24V 输出 5A	无	4 点相互独立
EM222 4 点继电器输出 10A	无	4 点相互独立
EM222 8 点 DC24V 输出	无	4
EM222 8 点继电器输出	无	4，4
EM222 8 点 AC120/230V 输出	无	8 点相互独立
EM223 DC4 输入 /DC 4 输出	4	4
EM223 DC8 输入 / 继电器 8 输出	4，4	4，4
EM223 DC8 输入 /DC8 输出	4，4	4，4
EM223 DC16 输入 /DC16 输出	8，8	4，4，8
EM223 DC16 输入 / 继电器 16 输出	8，8	4，4，4，4

（2）数字量 I/O 扩展模块的输入、输出规范

数字量 I/O 扩展模块的输入规范、输出规范分别见表 1-7 和表 1-8。

表 1-7　数字量 I/O 扩展模块的输入规范

常　规	DC24V 输入	AC120/230V 输入（47-63Hz）
输入类型	漏型 / 源型（IEC 类型 1 漏型）	IEC 类型 1
额定电压	DC24V，4mA	AC120V，6mA 或 AC230V，9mA
最大持续允许电压	DC30V	AC264V
浪涌电压（最大）	DC35V，0.5s	—
逻辑 1（最小）	DC15V，2.5mA	AC79V，2.5mA

chapter 01
chapter 02
chapter 03
chapter 04
chapter 05
chapter 06
appendix

常　规	DC24V 输入	AC120/230V 输入（47-63Hz）
逻辑 0（最大）	DC5V，1mA	AC20V 或 AC1mA
输入延时（最大）	4.5ms	15ms
连接 2 线接近传感器允许的漏电流（最大）	1mA	AC1mA
光电隔离	AC500V，1min	AC1500V，1min
电缆长度（最大）	屏蔽 500m；非屏蔽 300m	

表 1-8 数字量 I/O 扩展模块的输出规范

数字量输出规范	24V DC 输出 0.75A	继电器输出 2A	继电器输出 10A	120/230V AC 输出
输出类型	固态 -MOSFET（信号源）	干触点		直通
额定电压	24V DC	24V DC 或 250V AC		120/230 AC
电压范围	20.4~28.8V DC	5~30V DC 或 5~250V AC	12~30V DC 或 12~250V AC	40~264V AC（47~63Hz）
浪涌电流（max）	8A，100ms	5A，4s，10% 占空比	15A，4s，10% 占空比	5A/ms，2AC 周期
逻辑 1（min）	20V DC，最大电流	—	—	L1（-0.9V/ms）
逻辑 0（max）	0.1V DC，10kΩ 负载	—	—	—
每点额定电流（max）	0.75A	2A	阻性 10A；感性 2A DC；感性 3A AC	0.5A，AC
公共端额定电流（max）	6A	8A	10A	0.5A，AC
漏电流（max）	10μA	—	—	132V AC 是 1.1mA/ms 264V AC 是 1.8mA/ms
灯负载（max）	5W	30W DC 200W AC	100W DC 1000W AC	60W
接通电阻（接点）	典型 0.3Ω（最大 0.6Ω）	最小 0.2Ω，新的时候	最小 0.1Ω，新的时候	最大 410Ω，当负载电流小于 0.05A 时
延时 断开到接通/接通到断开	150μs/200μs	—	—	0.2ms+1/2AC 周期
延时切换（max）	—	10ms	15ms	—
脉冲频率（max）		1Hz	1Hz	10Hz
机械寿命周期	—	1 千万次（空载）	3 千万次（空载）	—
触点寿命	—	10 万次（额定负载）	3 万次（额定负载）	—
电缆长度（max）	屏蔽 500m，非屏蔽 150m			

知识链接

1）当一个机械触点接通 S7-200 CPU 或任意扩展模块的供电电源时，它发送一个大约 50ms 的 "1" 信号到数字输出，需要考虑这一点。

2）如果因为过多的感性开关或不正常的条件而引起输出过热，输出点可能关断或被损坏。如果输出在关断一个感性负载时遭受大于 0.7J 的能量，那么输出将可能过热或被损坏。为了消除这个限制，可以将抑制电路和负载并联在一起。

3）如果负载是灯，继电器使用寿命将降低 75%，除非采取措施将接通浪涌降低到输出的浪涌电流额定值以下。

4）灯负载的瓦特额定值是指额定电压情况。

2. 模拟量 I/O 扩展模块

生产过程中有许多电压、电流信号，用连续变化的形式表示流量、温度、压力等工艺参数的大小，就是模拟量信号，这些信号在一定范围内连续变化，如 -10V～ +10V 电压，4～20mA 电流。

S7-200 不能直接处理模拟量信号，必须通过专门的硬件接口，把模拟量信号转换成 CPU 可以处理的数据，或者将 CPU 运算得出的数据转换为模拟量信号。数据的大小与模拟量信号的大小有关，数据的地址由模拟量信号的硬件连接所决定。用户程序通过访问模拟量信号对应的数据地址，获取或输出真实的模拟量信号。S7-200 提供了专用的模拟量模块来处理模拟量信号，如表 1-9 所示。

表 1-9　模拟量扩展模块

型　号	点　数
EM231	4 路模拟量输入
EM232	2 路模拟量输出
EM235	4 路模拟量输入 /1 路模拟量输出

3. 温度测量扩展模块

温度测量扩展模块可以直接连接 TC（热电偶）和 RTD（热电阻）以测量温度。它们各自都可以支持多种热电偶和热电阻，使用时只需简单设置就可以直接得到温度数据。例如，EM231 TC 表示 4 输入通道热电偶输入模块。EM231 RTD 表示 2 输入通道热电阻输入模块。表 1-10 为其常规规范。

表 1-10　温度测量扩展模块常规规范

模块名称	尺寸（mm³）$W \times H \times D$	重量	功耗	电源要求	
				DC+5V	DC+24V
EM231 TC	71.2×80×62	210g	1.8W	87mA	60mA
EM231 RTD	71.2×80×62	210g	1.8W	87mA	60mA

现选用 CPU226 模块作为主机进行系统的 I/O 配置，如表 1-11 所示。

表 1-11 CPU226 模块的 I/O 配置及地址分配

主　机	模块 0	模块 1	模块 2	模块 3
CPU226	8IN	4IN/4OUT	4AI/1AQ	4AI/1AQ
I0.0~I2.7/ Q0.0~Q1.7	I3.0~I3.7	I4.0/Q2.0	AIW0/AQW0	AIW8/AQW2
		I4.1/Q2.1	AIW2	AIW10
		I4.2/Q2.2	AIW4	AIW12
		I4.3/Q2.3	AIW6	AIW14

　　CPU226 模块可带 7 块扩展模块，表中 CPU226 模块带了 4 块扩展模块、CPU226 模块提供的主机 I/O 点有 24 个数字量输入点和 16 个数字量输出点。

　　模块 0 是一块具有 8 个输入点的数字量扩展模块。

　　模块 1 是一块 4IN/4OUT 的数字量扩展模块，实际上它却占用了 8 个输入点地址和 8 个输出点地址，即（I4.0 ~ I4.7/Q2.0 ~ Q2.7）。其中输入点地址（I4.4 ~ I4.7）、输出点地址（Q2.4 ~ Q2.7）由于没有提供相应的物理点与之相对应，因而与之对应的输入映像寄存器（I4.4 ~ I4.7）、输出映像寄存器（Q2.4 ~ Q2.7）的空间就被丢失了，且不能分配给 I/O 链中的后续模块。由于输入映像寄存器（I4.4 ~ I4.7）在每次输入更新时都被清零，因此不能用做内部标志位存储器，而输出映像寄存器（Q2.4 ~ Q2.7）可以作为内部标志位存储器使用。

　　模块 2、模块 3 是具有 4 个输入通道和 1 个输出通道的模拟量扩展模块。模拟量扩展模块是以 2 个字节递增的方式来分配空间的。

 知识链接

　　PLC 的编址方法：（1）同种类型输入点或输出点的模块在链中按与主机的相对位置而递增。（2）其他类型模块的有无以及所处的位置不影响本类型模块的编号。

（三）内部电源的负载能力

1. PLC 内部 DC+5V 电源的负载能力

　　CPU 模块和扩展模块正常工作时，需要 DC+5V 工作电源。S7-200 PLC 内部电源单元提供的 DC+5V 电源为 CPU 模块和扩展模块提供了工作电源。其中，扩展模块所需的 DC+5V 工作电源是由 CPU 模块通过总线连接器提供的。CPU 模块向其总线扩展接口提供的电流值是有限制的。在配置扩展模块时，应注意 CPU 模块所提供 DC+5V 电源的负载能力。电源超载会发生难以预料的故障或事故。为确保电源不超载，应使各扩展模块消耗 DC+5V 电源的电流总和不超过 CPU 模块所提供电流值。否则，要对系统重新配置。

　　系统配置后，必须对 S7-200 主机内部的 DC+5V 电源的负载能力进行校验。

2. PLC 内部 DC+24V 电源的负载能力

　　S7-200 主机的内部电源单元除了提供 DC+5V 电源外，还提供 DC+24V 电源。DC+24V 电源也称为传感器电源，它可以作为 CPU 模块和扩展模块用于检测直流信号输入点状态的 DC24V 电源。如果用户使用传感器，也可作为传感器的电源。一般情况下，

CPU 模块和扩展模块的输入点和输出点所用的DC24V 电源由用户外部提供。如果使用CPU 模块内部的 DC24V 电源，应注意该 DC24V 电源的负载能力，使 CPU 模块及各扩展模块所消耗电流的总和不超过该内部 DC24V 电源所提供的最大电流（400mA）。

使用时，若需用户提供外部电源（DC24V），应注意电源的接法：主机的传感器电源与用户提供的外部 DC24V 电源不能采用并联连接，否则将会导致两个电源的竞争而影响它们各自的输出。这种竞争的结果会缩短设备的寿命，或者使得一个电源或两者同时失效，并且使 PLC 系统产生不正确的操作。

任务实施

一、拆卸 S7-200 CPU 或扩展模块

（1）拆卸 S7-200 的电源。

（2）拆卸模块上的所有连线和电缆。大多数的 CPU 有可拆卸的端子排，使这项工作变得简单。

（3）如果有其他扩展模块连接在所拆卸的模块上，应先打开前盖，拔掉相邻模块的扩展扁平电缆。如图 1-10 所示。

（4）拆掉安装螺钉或者打开 DIN 夹子。

（5）拆卸模块。

取下该模块

拆除该处的连接电缆

图 1-10 拆卸 S7-200CPU

二、拆卸端子排

为了安装和替换模块方便，大多数的 S7-200 模块都有可拆卸的端子排，其中 S7-200 CPU224、CPU224XP、CPU226 上可插拔。

1. 打开端子排安装位置的上盖，以便可以接近端子排。

2. 把螺丝刀插入端子块中央的槽口中。

3. 用力下压并撬出端子排。如图 1-11 所示。

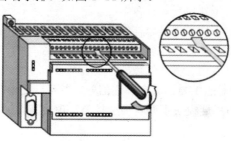

现场连线

现场接线端子排

图 1-11 拆卸端子排

chapter 01

chapter 02

chapter 03

chapter 04

chapter 05

chapter 06

appendix

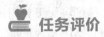 **任务评价**

序号	检查项目	评价方式（总分100分）
1	拆卸前是否进行断电检查	若未进行断电检查，记零分
2	拆卸端子排的方式是否正确	拆卸端子排的方式不正确扣30分
3	拆卸过程中的操作是否正确，是否对模块有损坏	操作错误扣20分，对模块有损坏扣30分

▆▌▌ 项目总结 ▌▌▆

　　可编程控制器被誉为现代工业自动化的三大技术支柱之一。本项目对可编程控制器的产生、分类、特点、应用及发展，可编程控制器的定义、基本组成、工作原理及技术指标、系统构成和系统配置等知识作了详细的介绍，并就如何安装和拆卸S7-200 PLC作了详细的介绍，为以后的学习打下基础。

▆▌▌ 项目检测 ▌▌▆

1. 简述可编程控制器的定义。
2. 可编程控制器有哪些主要特点？
3. 可编程控制器的基本组成有哪些？
4. 与一般的计算机控制系统相比，PLC有哪些优点？
5. 可编程控制器的输入接口电路有哪几种形式？输出接口电路有哪几种形式？
6. 可编程控制器的工作原理是什么？
7. 可编程控制器的工作过程是怎样的？
8. 可编程控制器的工作方式如何进行改变？
9. 可编程控制器可以用在哪些领域？
10. 可编程序控制器的主要构成有哪几部分？各部分功能是什么？
11. S7-200 PLC的扩展模块主要有多少种类？说明其用途？

项目二

PLC 程序设计基础

项目导读

　　电动机控制作为机械控制的基础，是非常重要的。十字路口交通灯的控制在日常生活中随处可见。而本项目正是以电动机正反转控制系统和十字路口交通灯控制系统的设计与实现为目的，详细介绍 S7-100 PLC 的编程基础、基本逻辑指令、定时器指令及计数器指令等知识。并对电动机正反转控制和十字路口交通灯控制的设计方法作了详解，掌握使用这些知识是本课程最基本的要求之一，对以后的学习和工作都具有重要的意义。

项目要点

　　本项目主要带领大家学习可编程控制器系统的一些编程知识，主要包括以下几点：

- 1. S7-200 PLC 编程基础
- 2. S7-200 PLC 基本逻辑指令
- 3. S7-200 PLC 定时器指令
- 4. S7-200 PLC 计数器指令

任务一：设计并实现电动机
正反转控制系统

📖 任务引入

电动机的正反转控制是电动机控制的基本环节之一，通过控制电动机的正反转，可以控制机械的前后、左右、上下等往返运动，从而控制机械的基本运动方式，比如数控机床主轴的前进和后退，电梯的上升和下降，各种工作台的前后、左右、上下移动等。本任务需要使用可编程控制器来实现电动机的正反转运动。

🍎 任务分析

设计实现一个电动机的控制系统，要求能够用 PLC 实现对电动机的进行正转、反转连续运行控制，并要求在电动机连续运行时，可随时控制其停止。同时要求形成此控制系统相应的设计文档。

该任务的控制系统比较容易实现，只需要一般的 PLC 即可。它主要包括控制部分 PLC，以及控制和显示电动机启动和停止的按钮、指示灯，还有控制电动机主电路通断的接触器等。要完成该任务，首先要对 PLC、接触器等进行选型，其次是设计电气原理图及相应的文档以及系统的安装、施工和调试。

在完成该任务的控制系统设计之前，先学习 PLC 的相关知识，这就要从学习 PLC 的结构、性能指标、输入／输出模块的结构和性能、基本逻辑指令等开始，下面就德国西门子 S7-200 PLC 与本任务相关的理论知识进行详解。

📝 知识准备

一、S7-200 PLC 的编程基础

（一）程序的结构

S7-200 PLC 的程序有三种：主程序、子程序、中断程序。

主程序是程序的主体，一个项目只能有一个主程序，默认名称为 OB1（主程序、子程序和中断程序的名称用户可以修改）。在主程序中可以调用子程序和中断程序，CPU 在每个扫描周期都要执行一次主程序。

子程序是可以被其他程序调用的程序，可以达到 64 个，默认名称分别为 SBR0~SBR63。使用子程序可以提高编程效率且便于移植。

中断程序用来处理中断事件，可以达到 128 个，默认名称分别为 INT0~INT127。中断程序不是由用户调用的，而是由中断事件引发的。在 S7-200 PLC 中能够引发中断的事件有输入中断、定时中断、高速计数器中断和通信中断等。

（二）S7-200 PLC 的编程语言

PLC 的编程语言主要有梯形图、语句表、功能块图、顺序功能图和结构化文本 5 种。这些编程语言的使用与 PLC 的型号和编程器的类型有关，如简易编程器只能使用语句表方式编程。目前，计算机编程器和 PLC 编程软件广泛应用于 S7 的编程工作。

1. 梯形图（LAD）

梯形图是最常用的可编程控制器图形编程语言，是从继电器控制系统原理图的基础上演变而来的。梯形图保留了继电器电路图的风格和习惯，具有直观、形象、易懂的优点，对于熟悉继电器－接触器控制系统的人来说，易于接受、掌握。梯形图特别适用于开关量逻辑控制。

图 2-1（a）为一简单的启停控制电路，SB1 为停止按钮（常闭触点），SB2 为启动按钮（常开触点），KM1 为被控接触器（利用自身的常开触点和启动按钮并联实现自锁），图中控制电路的电源为 DC24V。

图 2-1（b）为实现相同功能的 PLC 梯形图程序。硬件上：启动按钮 SB2 的常开触点连接输入端子 0.0，对应的地址为 I0.0。停止按钮 SB1 的常开触点连接输入端子 0.1，对应的地址为 I0.1。接触器 KM1 的线圈连接输出端子 0.0，对应的地址为 Q0.0。一般情况下，具有"停止"和"急停"功能的按钮，连接硬件时要使用常闭触点，以防止因不能发现断线等故障而失去作用。如果停止按钮 SB1 的常闭触点连接到输入端子 0.1 上，则梯形图中 I0.1 要使用常开触点。

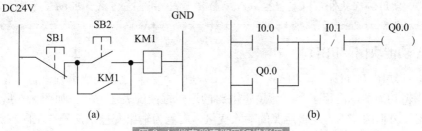

图 2-1 继电器电路图和梯形图

小提示

在分析梯形图中的逻辑关系时，为了借用继电器电路图的分析方法，可以想象左右两侧母线之间有一个左正右负的直流电源电压，当图 2-4（b）中的 I0.0、I0.1 的触点接通，或 Q0.0、I0.1 的触点接通时有一个假想的"能流"流过 Q0.0 的线圈（或称 Q0.0 线圈得电）。利用能流这一概念，可以帮助我们更好地理解和分析梯形图，能流只能从左向右流动。

梯形图语言具有以下特点：

（1）梯形图是一种图形语言，沿用传统继电器电路图中的继电器触点、线圈、串联、并联等术语和一些图形符号构成，左、右的竖线分别称为左、右母线（S7-200 CPU 梯形图中省略了右侧的母线）。

（2）梯形按自上而下、从左到右的顺序排列。每个梯形均起始于左母线，然后是触点的各种连接，最后是线圈与右母线相连，整个图形呈梯形。

（3）梯形图是 PLC 形象化的编程方式，其左、右母线并不接任何电源，因而，图中各支路也没有真实的电流流过。但为了方便，常用"有电流"或"得电"等来形象地描述用户程序解算中满足输出线圈的动作条件。

（4）梯形图中的继电器不是继电器控制线路中的实际继电器，它实质上是变量存储器中的位触发器，因此，称为"软继电器"，相应某位触发器为"1"态，表示该继电器线圈通电，其动合（常开）触点闭合、动断（常闭）触点打开。梯形图中继电器的线圈是广义的，除了输出继电器、内部继电器线圈外，还包括定时器、计数器等的线圈。

（5）梯形图中，信息流程从左到右，继电器线圈应与右母线直接相连，线圈的右边不能有触点，而左边必须有触点。

（6）一般情况下，不推荐在一个程序中重复使用继电器线圈（使用置位、复位指令除外），即使程序编译无错误。而继电器的触点，编程中可以重复使用，且使用次数不受限制。

> **小提示**
>
> 用编程软件生成的梯形图和语句表程序中有网络编号，允许以网络为单位，给梯形图加注释。在网络中，程序的逻辑运算按从左到右的方向执行，与能流的方向一致。各网络按从上到下的顺序执行，执行完所有的网络后，返回最上面的网络重新执行。
>
> 使用编程软件可以直接生成和编辑梯形图，并将它下载到可编程序控制器。

2. 功能块图（FBD）

功能块图（Function Block Diagram）是一种图形化的高级编程语言，它类似于普通逻辑功能图，沿用了半导体逻辑电路的逻辑框图的表达方式。如图2-5所示的功能块图，方框的左侧为逻辑运算的输入变量，右侧为输出变量，信号自左向右流动。

图 2-2 功能块图

3. 语句表（STL）

语句表比较适合于熟悉可编程控制器和逻辑程序设计经验丰富的程序员使用，它可以实现某些不能用梯形图或功能块图实现的功能。语句表指令是一种与计算机汇编语言指令相似的助记符表达式，但比汇编语言易懂易学。一条指令由步序、指令语和作用器件编号3部分组成。由指令组成的程序叫做语句表程序或指令表程序。与图2-1(b)所示的梯形图等价的语句表程序如下：

```
LD        I0.0
O         Q0.0
AN        I0.1
=         Q0.0
```

S7-200 CPU在执行程序时要用到逻辑堆栈，梯形图和功能块图编辑器自动地插入处理栈操作所需要的指令。在语句表程序中，必须由编程人员加入这些堆栈处理指令。

■■ 4. 顺序功能流程图（SFC）

顺序功能流程图（Sequence Function Chart）编程是一种图形化的编程方法，亦称功能图。使用它可以对具有并发、选择等复杂结构的系统进行编程，许多 PLC 都提供了用于 SFC 编程的指令。目前，国际电工委员会（IEC）也正在实施并发展这种语言的编程标准。顺序功能流程图的主要元素是步、转移、转移条件和动作。如图 2-3 所示。

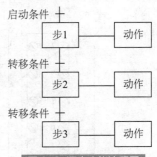

图 2-3 顺序功能流程图

（三）S7-200 PLC 的数据区

数据区是 S7-200 CPU 提供的存储器（EEPROM 或 RAM）的特定区域，是用户程序执行过程中的内部工作区域，用于对输入输出数据进行存储。它包括输入映像寄存器（I）、输出映像寄存器（Q）、变量存储器（V）、内部标志位存储器（M）、顺序控制继电器存储器（S）、特殊标志位存储器（SM）、局部存储器（L）、定时器存储器（T）、计数器存储器（C）、模拟量输入映像寄存器（AI）、模拟量输出映像寄存器（AQ）、累加器（AC）、高速计数器（HC）。

■‖ 1. 输入映像存储器 I

PLC 的输入端子是从外部接收输入信号的窗口。每个输入端子与输入映像寄存器（I）的相应位对应。输入点的状态，在每次扫描周期开始（或结束）时进行采样，并将采样值存于输入映像寄存器，作为程序处理时输入点状态的依据。输入映像寄存器的状态只能由外部输入信号驱动，而不能在内部由程序指令来改变。

输入映像存储器可以按位、字节、字、双字四种方式来存取。

■‖ 2. 输出映像存储器 Q

每个输出模块的端子与输出映像寄存器的相应位对应。CPU 将输出判断结果存放在输出映像寄存器中，在扫描周期结束时，以批处理方式将输出映像寄存器的数值复制到相应的输出端子上，通过输出模块将输出信号传送给外部负载。输出映像存储器中的每一位对应一个输出量结点。

输出映像存储器可以按位、字节、字、双字四种方式来存取。

I/O 映像区实际上就是外部输入输出设备状态的映像区，PLC 通过 I/O 映像区的各个位与外部物理设备建立联系。I/O 映像区每个位都可以映像输入、输出单元上的每个端子状态。

在程序的执行过程中，对于输入或输出的存取通常是通过映像寄存器，而不是实际的输入、输出端子。S7-200 CPU 执行有关输入输出程序时的操作过程如图 2-4 所示。图中，按钮 SB1 的状态存于输入映像寄存器 I 的第四位，即 I0.3；输出继电器的状态对应于输出映像寄存器 Q 的第五位，即 Q0.4。这样映像方法使得系统在程序执行期间完全与外界隔开，从而提高了系统的抗干扰能力。此外，外部输入点的存取只能按位进行，而 I/O 映像寄存器的存取可按位、字节、字、双字进行，而且用户程序存取映像寄存器中的数据要比存取输入、输出物理点要快得多，因而使操作更加快速、灵活。

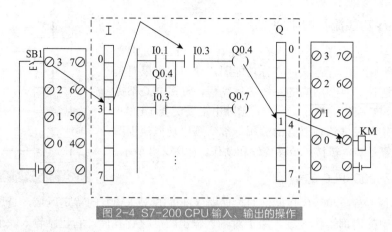

图 2-4 S7-200 CPU 输入、输出的操作

3. 模拟量输入映像存储器 AI

S7-200 将模拟量（如温度或电压）转换成 1 个字长（2 个字节）的数字量。可以用区域标识符（AI）、数据长度（W）及字节的起始地址来存取这些值。因为模拟输入量为 1 个字长，且从偶数位字节（如 0，2，4）开始，所以必须用偶数字节地址（如 AIW0，AIW2，AIW4）来存取这些值。模拟量输入值为只读数据。

4. 模拟量输出映像存储器 AQ

S7-200 把 1 个字长（2 个字节）的数字值按比例转换为电流或电压。可以用区域标识符（AQ）、数据长度（W）及字节的起始地址来改变这些值。因为模拟量为一个字长，且从偶数字节（如 0，2，4）开始，所以必须用偶数字节地址（如 AQW0，AQW2，AQW4）来改变这些值。模拟量输出值是只写数据。

5. 变量存储器 V

变量存储器（V）用于存放全局变量以及程序执行过程中控制逻辑操作的中间结果或其他相关的数据。变量存储器是全局有效。所谓全局有效，是指同一个存储器可以在任一程序分区（主程序、子程序、中断程序）被访问。

变量存储器 V 可以按位、字节、字、双字四种方式来存取。

6. 局部存储器 L

局部存储器是 S7-200 PLC CPU 为局部变量数据建立的一个存储器，S7-200 PLC 共有 64 个字节的局部存储器，其中 60 个可以用做临时存储器或者用于给子程序传递参数。

局部存储器和变量存储器很相似，但是变量存储器是全局有效的，而局部存储器只在局部有效。所谓局部，是指存储器区和特定的程序相关联。存储在局部存储器中的局部变量仅在创建它的程序中有效，即只有创建它的程序能存取其中的数据，其他程序不能访问。S7-200 给主程序分配 64 个局部存储器，给每一级子程序嵌套分配 64 个字节局部存储器，同样给中断服务程序分配了 64 个字节局部存储器。（每个子程序最多可以传递的参数为 16 个）

S7-200 PLC 根据需要分配局部存储器。也就是说，当执行主程序时，分配给子程序或中断服务程序的局部存储器是不存在的。当发生中断或者调用一个子程序时，需要分配局部存储器。新的局部存储器地址可能会覆盖另一个子程序或中断服务程序的局部存储器地址。

在分配局部存储器时，PLC 不进行初始化，初值可能是任意的。若在调用子程序时传递参数，在被调用子程序的局部存储器中，由 CPU 替换其被传递的参数的值。局部存储器在参数传递过程中不传递值，在分配时不被初始化，可能包含任意数值。

局部存储器区的数据可以按位、字节、字、双字四种方式来存取。

7. 位存储器 M

位存储器 M 用于保存中间操作状态和控制信息。该区虽然称为位存储器，但是其中的数据同样可以按位、字节、字、双字四种方式来存取。

知识链接

位存储器 M 和变量存储器 V 比较，区别如下：

（1）变量存储器 V 的内存区域大，一般用于存放模拟量和运算中间量，而位存储器 M 一般用于存放位变量；

（2）位存储器 M 指令码短，存储和执行效率高；

（3）位存储器 M 中 MB0~MB13 如设为保持，在断电时直接写入 E^2PROM 永久保持，其它的由电容或电池保持。

8. 特殊存储器 SM

它是用户程序与系统程序之间的界面，为用户提供一些特殊的控制功能及系统信息，用户对操作的一些特殊要求也通过特殊标志位（SM）通知系统。特殊标志位区域分为只读区域（SM0.0 ～ SM29.7，前 30 个字节为只读区）和可读写区域，在只读区特殊标志位，用户只能利用其触点。例如：

SM0.0　RUN 监控，PLC 在 RUN 方式时，SM0.0 总为 1；

SM0.1　初始脉冲，PLC 由 STOP 转为 RUN 时，SM0.1 接通一个扫描周期；

SM0.3　PLC 上电进入 RUN 方式时，SM0.3 接通一个扫描周期；

SM0.5　秒脉冲，占空比为 50%，周期为 1s 的脉冲等。

可读写特殊标志位用于特殊控制功能，例如，用于自由通信口设置的 SMB30，用于定时中断间隔时间设置的 SMB34/SMB35，用于高速计数器设置的 SMB36 ～ SMB65，用于脉冲串输出控制的 SMB66 ～ SMB85……

特殊存储器 SM 可以按位、字节、字、双字四种方式来存取。

9. 定时器存储器 T

定时器是 PLC 实现定时功能的计时装置，相当于继电器控制电路中的时间继电器。定时器对时间间隔计数，时间间隔又称"分辨率"。S7-200 CPU 提供三种定时器分辨率：1ms、10ms 和 100ms。

定时器存储器的每个定时器地址包括存储器标识符和定时器号两部分。存储器标识符为"T"，定时器号为整数，如 T0 表示 0 号定时器。

10. 计数器存储器 C

计数器用来累计输入脉冲的个数，计数脉冲由外部输入，计数脉冲的有效沿是输入脉冲的上升沿或下降沿，计数器有加计数器、减计数器和加减计数器三种。

计数器存储器每个计数器地址包括存储器标识符、计数器号两部分。存储器标识符为"C"，定时器号为整数，如 C1 表示 1 号计数器。

11. 高速计数器存储器 HC

高速计数器用来累计比 CPU 扫描速率更快的事件。普通计数器的当前值和设定值为 16 位有符号整数，而高速计数器的当前值和设定值为 32 位有符号整数。

高速计数器存储器每个高速计数器地址包括存储器标识符和计数器号两部分。存储器标识符为"HSC"，定时器号为整数，如 HSC0 表示 0 号高速计数器。

12. 顺序控制继电器 S

PLC 在执行程序的过程中，可能会用到顺序控制。顺序控制继电器就是在顺序控制过程中，用于组织步进过程的控制。

顺序控制继电器 S 可以按位、字节、字、双字四种方式来存取。

13. 累加器 AC

累加器是可以像存储器那样进行读写的设备。例如，可以利用累加器向子程序传递参数，或从子程序返回参数，以及用来存储计算的中间结果。但是，不能利用累加器进行主程序和中断子程序之间的参数传递。S7-200 提供了 4 个 32 位累加器（AC0、AC1、AC2、AC3）。可以按字节、字或双字来存取累加器数据中的数据。但是，以字节或字的方式读写累加器中的数据时，只能读写累加器 32 位数据中的最低 8 位或 16 位数据。只有采取双字的形式读写累加器中的数据时，才能一次读写全部 32 位数据。

累加器存储器每个累加器地址包括存储器标识符和累加器号两部分。存储器标识符为"AC"，定时器号为整数，如 AC0 表示 0 号累加器。

（四）数据区存储器的地址表示格式

存储器由许多存储单元组成，每个存储单元都有唯一的地址，可以依据存储器地址来存取数据。数据区存储器地址的表示格式有位、字节、字、双字地址格式。

1. 位地址格式

数据区存储器区域的某一位的地址格式为：Ax.y。

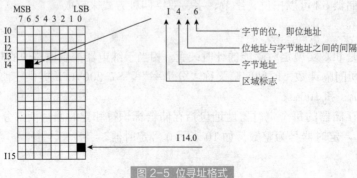

图 2-5 位寻址格式

必须指定存储器区域标识符 A、字节地址 x 及位号 y。例如，I4.6 表示图 2-5 中黑色标记的位地址，其中 I 是变量存储器的区域标识符，4 是字节地址，6 是位号，在字节地址 4 与位号 5 之间用点号"."隔开。图 2-5 中 MSB 表示最高位，LSB 最低位。

2. 字节、字、双字地址格式

数据区存储器区域的字节、字、双字地址格式为：ATx。

必须指定区域标识符 A、数据长度 T 以及该字节、字或双字的起始字节地址 x。图 2-6 中，用 VB100、VW100、VD100 分别表示字节、字、双字的地址。VW100 由 VB100、VB101 两个字节组成；VD100 由 VB100 ~ VB103 四个字节组成。

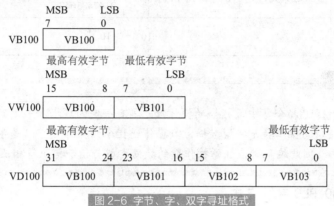

图 2-6 字节、字、双字寻址格式

3. 其他地址格式

数据区存储器区域中，还包括定时器存储器（T）、计数器存储器（C）、累加器（AC）、高速计数器（HC）等，它们是模拟相关的电器元件的。它们的地址格式为：Ay，即由区域标识符 A 和元件号 y 组成。例如，T24 表示某定时器的地址，其中 T 是定时器的区域标识符，24 是定时器号，同时 T24 又可表示此定时器的当前值。

（五）数据类型与数据长度

S7-200 PLC 的指令参数所用的基本数据类型有 1 位布尔型（BOOL）、8 位字节型（BYTE）、16 位无符号整数（WORD）、16 位有符号整数（INT）、32 位无符号双字整数（DWORD）、32 位有符号双字整数（DINT）、32 位实数型（REAL）。其中，实数型（REAL）是按照 ANSI/IEEE754—1985 标准（单精度）的表示格式规定的。

CPU 存储器中存放的数据类型可分为 BOOL、BYTE、WORD、INT、DWORD、DINT、REAL。不同的数据类型具有不同的数据长度和数值范围。在上述数据类型中，用字节（B）型、字（W）型、双字（D）型分别表示 8 位、16 位、32 位数据的数据长度。不同的数据长度对应的数值范围如表 2-1 所示。例如，数据长为字（W）型的无符号整数（WORD）的数值范围为 0 ~ 65535。不同数据长度的数据所能表示的数值范围是不同的。

表 2-1 数据长度与数值

数据长度	无符号数		有符号数	
	十进制	十六进制	十进制	十六进制
B(字节型) 8位值	0 ~ 255	0 ~ FF	-128 ~ 127	80 ~ 7F
W(字型) 16位值	0 ~ 65535	0 ~ FF	-32768 ~ 32767	8000 ~ 7FFF
D(双字型) 32位值	0 ~ 4294967295	0 ~ FFFF FFFF	-2147483648 ~ 2147483647	8000 0000 ~ 7FFF FFFF
R(实数型) 32位值	$-10^{38} \sim +10^{38}$			

小提示

在 SIMATIC 指令集中，指令的操作数是具有一定的数据和长度的。例如，整数乘法指令的操作数是字型数据；数据传送指令的操作数可以是字节、字或双字型数据。因此编程时应注意操作数的数据类型与指令标识符相匹配。

（六）S7-200 PLC 寻址方式

在 S7-200 PLC 中，CPU 存储器的寻址方式分为立即寻址、直接寻址和间接寻址三种不同的形式。

1. 立即寻址

立即寻址方式是，指令直接给出操作数，操作数紧跟着操作码，在取出指令的同时也就取出了操作数，立即有操作数可用，所以称为立即操作数（或立即寻址）。立即寻址方式可用来提供常数、设置初始值等。指令中常常使用常数。常数值可分为字节、字、双字型等数据。CPU 以二进制方式存储所有常数。指令中可用十进制、十六进制、ASCII 码或浮点数形式来表示。十进制、十六进制、ASCII 码浮点数的表示格式举例如下：

```
十进制常数：30112
十六进制常数：16#42F
ASCII 常数：'INPUT'
实数或浮点常数：+1.112234E-10（正数）    -1.328465E-10（负数）
二进制常数：2#0101 1110
```

上述例子中的 # 为常数的进制格式说明符。如果常数无任何格式说明符，系统默认为十进制。

2. 直接寻址

在一条指令中，如果操作数是以其所在地址的形式出现的，这种指令的寻址方式就是直接寻址。

例如：MOVB VB40 VB30

该指令的功能是将 VB40 中的数据传给 VB30，指令中源操作数的数值在指令中并未给出，只给出了存储源操作数的地址 VB40，执行该指令时要到该地址 VB40 中寻找操作数，这种以给出操作数地址的形式的寻址方式就是直接寻址。

前面所述的 13 个存储器均可用于直接寻址。

3. 间接寻址

所谓间接寻址方式，就是在存储单元中放置一个地址指针，按照这一地址指针所指地址找到的存储单元中的数据才是所要取的操作数，相当于间接地取得数据。地址指针前加 "*"。

例如：MOVW　2009　*VD40

该指令中，*VD40 就是地址指针，在地址 VD40 中存放的是一个地址值，即操作数 2009 应存储的地址。如果 VD40 中存放的是 VW0，那么该指令的功能是将数值 2009 传送到地址 VW0 中。

S7-200 PLC 的间接寻址方式适用的存储器是 I、Q、V、M、S、T（限于当前值）、C（限于当前值）。除此之外，间接寻址还需建立间接寻址的指针和对指针的修改。

为了对某一存储器的某一地址进行间接访问，首先要为该地址建立指针。指针长度为双字，存放另一个存储器的地址。间接寻址的指针只能使用 V、L、AC1、AC2、AC3 作为指针。为了生成指针，必须使用双字传送指令（MOVD），将存储器某个位置的地址移入存储器的另一个位置或累加器中作为指针。指令的输入操作数必须使用 "&" 符号表示是某一位置的地址，而不是它的数值。

例如：MOVD　&VB0，AC2

该指令的功能是将 VB0 这个地址送入 AC2 中（不是把 VB0 中存储的数据送入 AC2 中），执行该指令后，AC2 即是间接寻址的指针。

在间接寻址方式中，指针指示了当前存取数据的地址。当一个数据已经存入或取出时，如果不及时修改指针会出现以后的存取仍使用已经用过的地址，为了使存取地址不重复，必须修改指针。因为指针为 32 位的值，所以使用双字指令来修改指针值。加法指令或自增指令可用于修改指针值。

> **小提示**
>
> 在间接寻址方式中，要注意所存取的数据的长度。当存取一个字节时，指针值加 1；当存取一个字、定时器或计数器的当前值时，指针值加 2；当存取双字时，指针值加 4。

二、S7-200 PLC 的基本逻辑指令

S7-200 PLC 的基本逻辑指令是 PLC 最常用的基本指令，梯形图指令有触点和线圈两大类，触点又可以分为常开触点和常闭触点两种形式；语句表指令有与、或一级输出等逻辑关系。基本逻辑指令可以编制基本逻辑控制、顺序控制等中等规模的用户程序，同时也可以编制复杂综合系统程序。

（一）触点装载（LD、LDN）及线圈驱动（=）指令

LD：常开触点逻辑运算的开始。对应梯形图则为在左侧母线或线路分支点处装载一个常开触点，后跟表示继电器触点的编号。

LDN：常闭触点逻辑运算的开始。对应梯形图则是在左侧母线或线路分支点处装载一个常闭触点。

＝：输出指令，对应梯形图则为线圈驱动。对同一元件一般只能使用一次。

【例2-1】一个按键开关的一组常开触点接 PLC 的 I0.0 输入端子，两指示灯分别接 Q0.0、Q0.1 两个输出端子。要求：当按下按键开关 Q0.0 时灯亮，没按按钮时 Q0.1 灯亮。控制梯形图与指令表如图 2-7 所示。

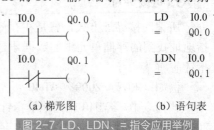

	LD	I0.0
	=	Q0.0
	LDN	I0.0
	=	Q0.1

(a) 梯形图　　　　(b) 语句表

图 2-7 LD、LDN、= 指令应用举例

LD、LDN、= 指令使用说明：

（1）触点代表 CPU 对存储器的读操作，常开触点和存储器的位状态一致，常闭触点和存储器的位状态相反。用户程序中同一触点可使用无数次。

（2）线圈代表 CPU 对存储器的写操作，若线圈左侧的逻辑运算结果为"1"，表示能流能够达到线圈，CPU 将该线圈所对应的存储器的位置为"1"，若线圈左侧的逻辑运算结果为"0"，表示能流不能够达到线圈，CPU 将该线圈所对应的存储器的位写入"0"。用户程序中，同一线圈在同一程序中一般只能使用一次。

（3）LD、LDN 指令用于与左母线相连的触点，也可与 OLD、ALD 指令配合使用于分支回路的开始。

（4）"="指令用于 Q、M、SM、T、C、V、S，但不能用于输入映像寄存器 I。输出端不带负载（即不是数字量输出点 QX.X）时，控制线圈应尽量使用 M 或其他位存储区，而不用 QX.X。"="可以并联使用任意次，但不能串联。

（二）触点串联（A、AN）及触点并联（O、ON）指令

A：表示串联常开触点，表示前面的逻辑结果与该触点进行"与"运算。

AN：表示串联常闭触点，表示前面的逻辑结果与该触点的"非"进行"与"运算。

O：表示并联常开触点，表示前面的逻辑结果与该触点进行"或"运算。

ON：表示并联常闭触点，表示前面的逻辑结果与该触点的"非"进行"或"运算。

【例2-2】设计电动机启停控制线路，其中启动按钮和停止按钮分别接 I0.0、I0.1 输入端子，电动机线圈接 Q0.0 输出端子。控制梯形图与指令表如图 2-8 所示。

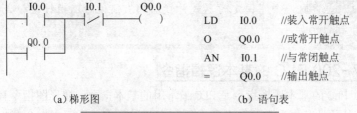

LD	I0.0	//装入常开触点
O	Q0.0	//或常开触点
AN	I0.1	//与常闭触点
=	Q0.0	//输出触点

(a) 梯形图　　　　(b) 语句表

图 2-8 A、AN、O、ON 指令应用举例

指令使用说明：

（1）A/AN 是单个触点串联指令，可连续使用。

（2）O/ON 指令可以作为并联一个触点指令，紧接在 LD/LDN 指令之后用，即对其前面的 LD/LDN 指令所规定的触点并联一个触点，可连续使用。

（3）如果要串联多个并联电路，必须使用 ALD 指令；如果要并联多个串联电路，

必须使用 OLD 指令。

课堂讨论

利用所学指令，如何实现两个设备之间互锁运行？

（三）栈装载与（ALD）及栈装载或（OLD）指令

ALD：栈装载与指令（块"与"），用于将并联电路块进行串联连接。

OLD：栈装载或指令（块"或"），用于将串联电路块进行并联连接。

【例 2-3】 根据图 2-9(a) 所示语句表，写出对应的梯形图，如图 (b) 所示。

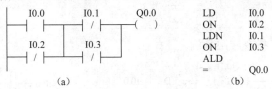

图 2-9 ALD 指令应用举例

【例 2-4】 根据图 2-10(a) 所示语句表，写出对应的梯形图，如图 (b) 所示。

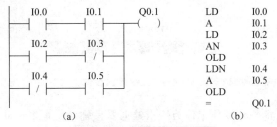

图 2-10 OLD 指令应用举例

【例 2-5】 根据图 2-11(a) 所示梯形图，写出对应的语句表，如图 (b) 所示。

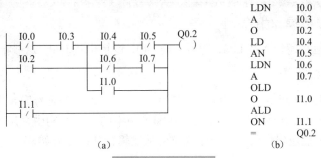

图 2-11 例 2-5 图

ALD、OLD 指令使用说明：

（1）并联电路块与前面电路串联时，使用 ALD 指令；分支的起点用 LD/LDN 指令，并联结束后使用 ALD 指令与前面电路串联。

（2）并联多个串联支路时，其支路的起点以 LD、LDN 开始，并联结束后用 OLD。

（3）可以顺次使用 ALD、OLD 对电路块进行串、并联，数量没有限制。

（四）置位和复位指令（S、R）

S：置位指令，其功能是使能输入有效后，将从起始位 Bit 开始的 N 个位置"1"

并保持。

R：复位指令，其功能是使能输入有效后，将从起始位 Bit 开始的 N 个位清 "0" 并保持。S/R 指令格式见表 2-2。

表 2-2 S/R 指令格式

	LAD	STL
置位	Bit —(S) N	S Bit, N
复位	Bit —(R) N	R Bit, N

【例 2-6】S/R 指令应用举例。

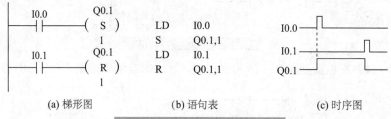

(a) 梯形图　　　　　　(b) 语句表　　　　　　(c) 时序图

图 2-12 置位 / 复位指令应用举例

小提示

（1）置位指令的操作元件为输出继电器、辅助继电器和状态继电器。

（2）复位指令的操作元件为输出继电器、辅助继电器、状态继电器、定时器、计数器。它也可将字元件清零。

（五）逻辑堆栈操作指令

本类指令包括逻辑入栈 LPS、逻辑读栈 LRD、逻辑出栈 LPP，这些指令都无操作数。

1. 逻辑入栈指令

LPS：逻辑入栈指令（分支或主控指令），用于复制栈顶的值并将这个值推入栈顶，原堆栈中各级栈值依次下压一级。在梯形图中的分支结构中，用于生成一条新的母线，左侧为主控逻辑块时，第一个完整的从逻辑行从此处开始。

2. 逻辑读栈指令

LRD：逻辑读栈指令，用于把堆栈中第二级的值复制到栈顶。堆栈没有推入栈或弹出栈操作，但原栈顶值被新的复制值取代。在梯形图中的分支结构中，当左侧为主控逻辑块时，开始第二个和后边更多的从逻辑块。应注意，LPS 后第一个和最后一个从逻辑块不用本指令。

3. 逻辑出栈指令

LPP：逻辑出栈指令（分支结束或主控复位指令）。堆栈作出栈操作，将栈顶值弹出，原堆栈中各级栈值依次上弹一级，第二级的值成为新的栈顶值。在梯形图中的分支结构中，用于将 LPS 指令生成的一条新母线进行恢复。LPS、LRD、LPP 指令的操作过程如图 2-13 所示。

小提示

每一条 LPS 指令必须有一条对应的 LPP 指令，中间的支路都用 LRD 指令，处理最后一条支路时必须使用 LPP 指令。

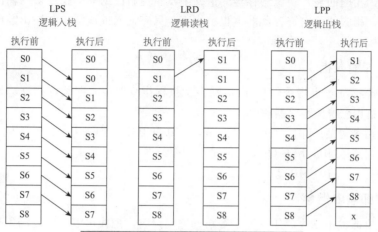

图 2-13 LPS、LRD、LPP 指令的操作过程

chapter 01

chapter 02

chapter 03

chapter 04

chapter 05

chapter 06

appendix

【例 2-7】图 2-14 是复杂逻辑指令在实际应用中的一段程序。

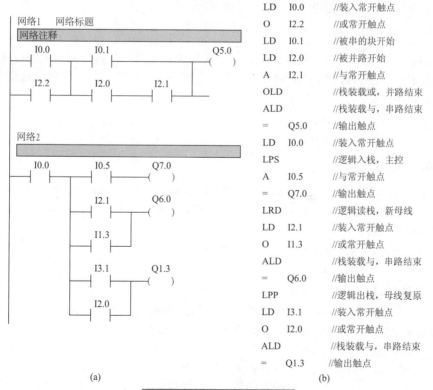

网络1　网络标题
网络注释

```
LD    I0.0    //装入常开触点
O     I2.2    //或常开触点
LD    I0.1    //被串的块开始
LD    I2.0    //被并路开始
A     I2.1    //与常开触点
OLD           //栈装载或，并路结束
ALD           //栈装载与，串路结束
=     Q5.0    //输出触点
LD    I0.0    //装入常开触点
LPS           //逻辑入栈，主控
A     I0.5    //与常开触点
=     Q7.0    //输出触点
LRD           //逻辑读栈，新母线
LD    I2.1    //装入常开触点
O     I1.3    //或常开触点
ALD           //栈装载与，串路结束
=     Q6.0    //输出触点
LPP           //逻辑出栈，母线复原
LD    I3.1    //装入常开触点
O     I2.0    //或常开触点
ALD           //栈装载与，串路结束
=     Q1.3    //输出触点
```

(a)　　　　　　　　　　　　　　　　(b)

图 2-14 逻辑堆栈指令的应用

逻辑堆栈指令使用说明：

（1）逻辑堆栈指令可以嵌套使用，最多为 9 层。

（2）为保证程序地址指针不发生错误，入栈指令 LPS 和出栈指令 LPP 必须成对使用。

（六）立即操作指令

立即指令允许对输入点和输出点进行快速和直接存取。当用立即指令读取输入点的状态时，相应的输入映像寄存器的值并未发生更新；用立即指令访问输出点时，访问的同时，相应的输出寄存器的值也被刷新。只有输入继电器 I 和输出继电器 Q 可以使用立即指令。

1. 立即输入指令

在每个标准触点指令的后面加"I"。执行指令时，立即读取物理输入点的值，但是不刷新相应映像寄存器的值。

这类指令包括：LDI、LDNI、AI、ANI、OI 和 ONI。下面以 LDI 指令为例。

指令格式：LDI　bit（bit 只能是 I 类型）

例如：　　LDI　I0.2

2. 立即输出指令

=I：立即输出指令。用立即指令访问输出点时，把栈顶值立即复制到指令所指定的物理输出点，同时，相应的输出映像寄存器的内容也被刷新。

指令格式：=I　bit(bit 只能是 Q 类型）

例如：　　=I　Q0.2

3. 立即置位指令

SI：立即置位指令。用立即置位指令访问输出点时，从指令所指出的位（bit）开始的 N 个（最多为 128 个）物理输出点被立即置位，同时，相应的输出映像寄存器的内容也被刷新。

指令格式：SI　bit,　　N

例如：　　SI　Q0.0,　　2

4. 立即复位指令

RI：立即复位指令。用立即复位指令访问输出点时，从指令所指出的位（bit）开始的 N 个（最多为 128 个）物理输出点被立即复位，同时，相应的输出映像寄存器的内容也被刷新。

指令格式：RI　bit,　　N

例如：　　RI　Q0.0,　　1

【例2-8】图 2-15 为立即指令应用中的一段程序，图 2-16 是程序对应的时序图。

时序图中的 Q0.1 和 Q0.2 的跳变与扫描周期的输入扫描时刻不同步，这是由于两者的跳变发生在程序执行阶段，立即输出和立即置位指令执行完成的一刻。

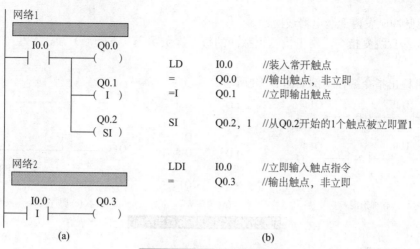

图 2-15　立即指令应用程序

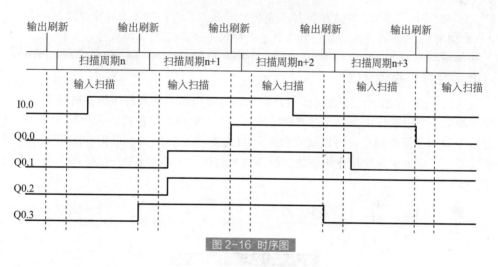

图 2-16　时序图

chapter 01

chapter 02

chapter 03

chapter 04

chapter 05

chapter 06

appendix

（七）取非指令（NOT）

该指令用于运算结果的取反。它不能直接与母线相连，也不能像 0、0N 等指令一样单独使用，该指令无操作元件。其用法如图 2-20 所示。

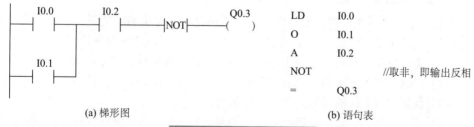

图 2-17　NOT 指令应用举例

（八）沿检出指令（EU、ED）

EU：正跳变指令，用于检测到脉冲的每一次正跳变（上升沿）后，产生一个微分脉冲。

常用此脉冲触发内部继电器线圈。

ED：负跳变指令，用于检测到脉冲的每一次负跳变（下降沿）后，产生一个微分脉冲。

沿检出指令编程举例如图 2-18 所示。

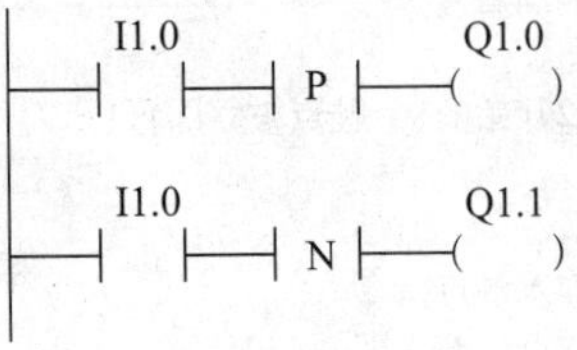

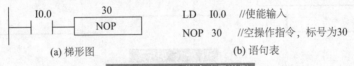

(a) 梯形图　　　　　　　(b) 语句表　　　　　　　(c) 时序图

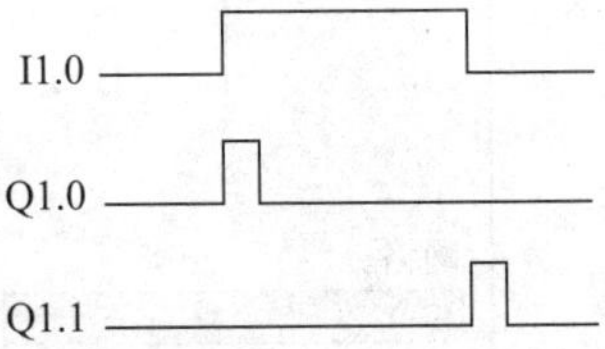

图 2-18 沿检出指令应用举例

小提示

1．EU、ED 指令只在输入信号变化时有效，其输出信号的脉冲宽度为一个扫描周期。2．对开机时就为接通状态的输入条件，EU 指令不执行。

（九）空操作指令（NOP）

NOP：空操作指令，主要用于短路电路、改变电路功能及程序调试时使用。在程序中增加一些空操作指令后，对逻辑运算结果没有影响，但在以后更改程序时，用其他指令取代空操作指令，可以减少程序号的改变。图 2-19 为 NOP 指令应用举例。根据需要可以增加空操作指令的条数。操作数 N 是标号，是一个 0 ～ 225 的常数。本例中 N=30。

```
    I0.0        30            LD   I0.0   //使能输入
 ---| |---+--[  NOP  ]        NOP  30     //空操作指令，标号为30
```

(a) 梯形图　　　　　　　　　(b) 语句表

图 2-19 NOP 指令应用举例

三、PLC 应用系统设计

（一）应用设计的概述

设计一个控制系统，首先要考虑的是能否满足被控对象的工艺要求，最大限度地提高生产效率和产品质量。因此，设计可编程控制系统时应遵循以下原则：

（1）充分发挥 PLC 功能，最大限度地满足被控对象的控制要求；

（2）在满足控制要求的前提下，力求使控制系统简单、经济、使用和维护方便；

（3）保证控制系统的长期安全、稳定运行；

（4）适应发展的需要，在选择 PLC 的型号、I/O 点数和存储器容量等内容时，应留有适当的余量，以利于系统的调整和增容。

（二）系统设计的一般步骤

设计一个合理的 PLC 控制系统时，要综合考虑许多因素，但不管其复杂程度如何，一般都要按图 2-20 所示的流程进行设计，具体步骤如下。

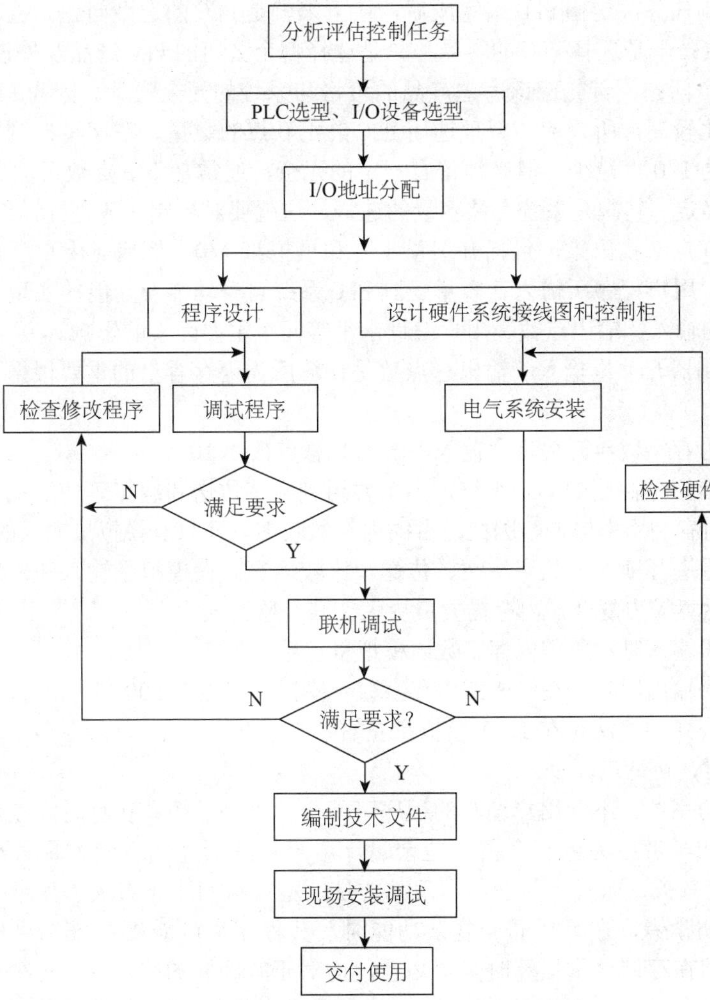

```
            分析评估控制任务
                 │
        PLC选型、I/O设备选型
                 │
            I/O地址分配
                 │
        ┌────────┴────────┐
      程序设计      设计硬件系统接线图和控制柜
        │                 │
  ┌─────┴─────┐          │
检查修改程序 调试程序   电气系统安装      检查硬件接线
        │                 │
      满足要求 ──N──      │
        │Y
      联机调试
        │
  N── 满足要求? ──N
        │Y
      编制技术文件
        │
      现场安装调试
        │
      交付使用
```

图 2-20 PLC 控制系统设计开发步骤

1. 熟悉被控对象，确定控制方案

接到一个控制任务后，首先要详细分析被控对象，了解控制过程与要求。在熟悉工艺流程后，列写出控制系统的所有功能和指标要求，考虑用什么控制设备（PLC、单片机、DCS 或 IPC）来完成该任务最合适。例如，对于工业环境较差，而对安全性、可靠性要求较高，系统工艺复杂，输入／输出以开关量为主的工业自控系统或装置，用可编程控制器进行控制是一个很好的选择。控制对象及控制装置（选定为 PLC）确定后，还要进一步确定 PLC 的控制范围。其实，现在的可编程控制器不仅可以处理开关量，而且对模拟量的处理能力也很强。所以在用人工进行控制工作量大、操作复杂、容易出错的或者操作过于频繁、人工操作不容易满足工艺要求的情况下，往往由 PLC 控制来实现。另外，为了保证控制系统的安全性，在实现自动控制的基础上，还要加上手动控制功能，即系统具有自动／手动转换功能。

▌2. 根据控制任务的要求，选择 PLC 类型

在一个控制任务决定由 PLC 来完成后，接下来就是 PLC 的选型问题。选型时要考虑两方面的因素：一是选择 PLC 的容量，二是选择哪个公司的 PLC 产品及外设。

对于第一个问题，首先应该考虑产品的价格与系统的冗余设计。因为 PLC 的 I/O 点的平均价格比较高，所以应该合理选用 PLC 的 I/O 点的数量，在满足控制要求的前提下力争使用的 I/O 点最少，但必须留有一定的冗余，通常是 I/O 点数再加上 10%～15% 的裕量来确定。其次是系统存储容量的选择，这就要对控制任务进行详细的分析，要把所有的 I/O 点都找出来，包括开关量 I/O 和模拟量 I/O，然后对用户所需存储器容量进行估算。用户程序所需内存容量受到 PLC 系统自身功能及功能的实现方法、开关量和模拟量的输入/输出点数、用户编程水平等几个主要因素的影响。

可编程控制器开关量输入/输出总点数是计算所需内存容量的重要根据。其经验公式如下：

所需内存字数＝开关量（输入＋输出）总点数×10

对于具有模拟量控制的 PLC 系统，由于要用到数字传送和运算等功能指令，而这些功能指令的内存利用率较低，因此所占的内存数较多。在只有模拟量输入的系统中，一般要对模拟量进行读入、数字滤波、传送和比较运算。在模拟量输入和输出同时存在的情况下，运算较为复杂，内存需要量更大。其经验公式为：

只有模拟量输入时：所需内存字数＝模拟量点数×100

模拟量输入输出同时存在：所需内存字数＝模拟量点数×200

这些经验公式的算法是在 10 个模拟量左右，当点数小于 10 时，内存字数要适当加大，点数多时，可适当减少。

对于同样的系统，不同用户编写的程序可能会使程序长短和执行时间差距很大，一般来说，对初学者应为内存多留一些余量，用户程序所需的存储容量大小不仅与 PLC 系统的功能有关，而且还与功能实现的方法、程序编写水平有关。一个有经验的程序员和一个初学者，在完成同一复杂功能时，其程序量可能相差 25% 之多，所以对于初学者应该在存储容量估算时多留裕量，而对于有经验的编程者则可少留一些余量。其经验计算公式：存储容量（字节）＝开关量 I/O 点数×10＋模拟量 I/O 通道数×100，然后按计算存储器字数的 25% 考虑余量。

PLC 常用的内存有 EPROM、E²PROM 和带锂电池供电的 RAM。一般微型和小型 PLC 的存储容量是固定的，介于 1～2KB 之间。用户应用程序占用多少内存与许多因素有关，如 I/O 点数、控制要求、运算处理量、程序结构等。因此在程序设计之前只能粗略地估算。根据经验，每个 I/O 点及有关功能元件占用的内存大致如下：

开关量输入元件：10～20B/点；

开关量输出元件：5～10B/点；

定时器/计数器：2B/个；

模拟量：100～150B/点；

通信接口：一个接口一般需要 300B 以上。

根据上面算出的总字节数再考虑 25% 左右的备用量，就可估算出用户程序所需的内存容量，从而选择合适的 PLC 内存。

对第二个问题，则有以下几个方面要考虑：

（1）功能方面　所有 PLC 一般都具有常规的控制功能，对于开关量控制的工程项目，对其控制速度无须考虑时，一般的低档机型就可以满足。对于以开关量为主，带少量模拟量控制的工程项目，可选用带 A/D、D/A 转换，加减运算和数据传送功能的低档机型。而对于控制比较复杂，控制功能要求高的工程项目，可视控制规模及其复杂程度，选用中档或高档机。但对某些特殊要求的工程项目，就要知道所选用的 PLC 是否有能力完成控制任务。这就要求用户对市场上流行的 PLC 品种有一个详细的了解，以做出正确的选择。

（2）价格方面　不同厂家的 PLC 产品价格相差很大，有些功能类似、质量相当、I/O 点数相当的 PLC 的价格相差 40％以上。在选择 PLC 时，一定要把性价比作为一个重要的因素来考虑。

（3）输入、输出模块　首先要考虑输出模块的类型，根据被控对象的要求，相应选择继电器型或者晶体管型模块。其次要考虑 I/O 的性质，I/O 点的性质主要指它们是直流信号还是交流信号，它们的电源电压，以及输出是用继电器型还是晶体管或是可控硅型。控制系统输出点的类型非常关键，如果它们之中既有交流 220V 的接触器、电磁阀，又有直流 24V 的指示灯，则最后选用的 PLC 的输出点数有可能大于实际点数。因为 PLC 的输出点一般是几个一组共用一个公共端，这一组输出只能有一种电源的种类和等级。所以一旦它们是交流 220V 的负载使用，则直流 24V 的负载只能使用其他组的输出端了。这样有可能造成输出点数的浪费，增加成本。所以要尽可能选择相同等级和种类的负载，如使用交流 220V 的指示灯等。一般情况下，继电器输出的 PLC 使用最多，但对于要求高速输出的情况，如运动控制时的高速脉冲输出，就要使用无触点的晶体管输出的 PLC 了。

（4）售后服务　有些 PLC 生产厂家把产品卖出去后，很难提供相关的技术支持，至于系统改造、升级等就更难以实现了。所以，应优先考虑使用售后服务好的 PLC 生产厂家。

3. PLC 的 I/O 地址分配

进行 PLC 控制系统设计时，一个很重要的步骤就是对输入／输出信号在 PLC 接线端子上的地址进行分配。对软件设计，I/O 地址分配以后才可进行编程；对控制柜及 PLC 的外围接线等相关硬件，只有 I/O 地址确定以后，才可以绘制电气接线图、装配图，让装配人员根据线路图和安装图安装控制柜。需要注意的是，在分配输出点地址时，要弄清楚所带负载的类型。另外，在进行 I/O 地址分配时，要列出输入／输出设备与 PLC 输入／输出端子的对照表，最好把 I/O 点的名称、代码和地址以表格的形式也列写出来。

（三）系统硬件和软件设计

系统硬件设计的主要内容包括电气控制系统原理图的设计，电气控制元器件的选择和抗干扰措施的设计等。电气控制系统原理图包括主电路和控制电路，控制电路中包括 PLC 的 I/O 接线和自动部分、手动部分的详细连接等，有时还要在电气原理图中标上器件代号或另外配上安装图、端子接线图等，以方便控制柜的安装。电气元器件的选择主要是根据控制要求选择按钮、开关、传感器、保护电器、接触器、指示灯和电磁阀等。

系统软件设计主要是指 PLC 控制程序的编写。在程序设计时，首先要做好一些准备工作，比如进行 I/O 地址列表，列写在程序中用到的中间继电器 (M)、定时器 (T)、计数器 (C) 和存储单元 (V) 以及它们的作用等，以便程序的编写。其次，在编程语言的选择上，要考虑以下因素：

（1）当使用梯形图编程不是很方便时，可用语句表编程。

（2）经验丰富的人员可用语句表直接编程。

（3）若是清晰的单顺序、选择顺序或并发顺序控制任务，则可考虑用功能图来设计程序。

（四）系统调试

系统调试包括模拟调试和联机调试两种方式。

硬件部分的模拟调试可在断开主电路的情况下，主要试一试手动控制部分是否正确。软件部分的模拟调试可借助于模拟开关和 PLC 输出端的输出指示灯进行；调试时，可利用上述外围设备模拟各种现场开关和传感器状态，然后观察 PLC 的输出逻辑是否正确。现在的 PLC 主流产品都可在 PC 机上编程，并可在电脑上直接进行模拟调试。

联机调试时，可把编制好的程序下载到现场的 PLC 中。调试时一定要先将主电路断电，只对控制电路进行联调即可。通过现场联调信号的接入常常还会发现软硬件中的问题，有时厂家还要对某些控制功能进行改进。系统调试完成后，接下来要对程序进行固化并交付使用。

（五）整理技术文件

系统完成后一定要及时整理技术材料并存档，包括设计说明书、电气安装图、电气元件明细表及使用说明书等。否则会给之后的工作增加几倍的工作量，整理技术文件也是工程技术人员良好的习惯之一。

🔲 任务实施

任务实施步骤如下。

■ 一、确定控制方案

本控制系统的设计比较简单，既可以采用传统的继电器控制系统进行控制，也可以采用 PLC 进行控制，本设计选用 PLC 单机控制。电动机正反转控制系统流程图如图2-21 所示。

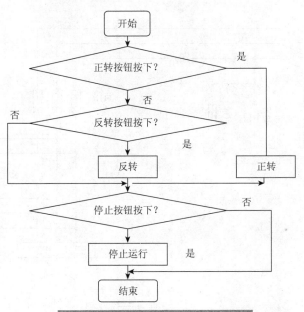

图 2-21 电动机正反转启停控制流程图

二、选择 PLC 类型

在本任务中，电动机正反转控制只需要 3 个输入点作为电动机的启停、正反转控制，2 个数字量输出点控制接触器的线圈，不需要模拟量控制，故一般的 PLC 都能胜任。考虑到可扩展性，控制系统需要的 PLC 最少要有 4 个数字量输入点和 3 个数字量输出点。输入采用 DC 24V，输出采用继电器输出或晶闸管输出。

通过上述分析，PLC 类型可选用 S7-200，CPU 类型选用 CPU222 AC/DC/ 继电器。CPU222 有 4KB 程序存储器，带有 8 个 DC 24V 数字量输入点，6 个继电器数字量输出点，2 个 I/O 扩展模块，以备以后扩展需要。

三、PLC 的 I/O 地址分配

电动机正反转输入 / 输出地址分配见表 2-3。

表 2-3 电动机正反转输入 / 输出地址分配

序号	PLC 地址	电气符号	功能
1	I0.0	SB1	正转启动按钮
2	I0.1	SB2	反转启动按钮
3	I0.2	SB3	停车按钮
4	Q0.0	KM1	正转接触器
5	Q0.1	KM2	反转接触器

四、系统硬件和软件设计

（一）设计主电路

根据控制要求，电动机正反转控制系统的主电路如图 2-22 所示。

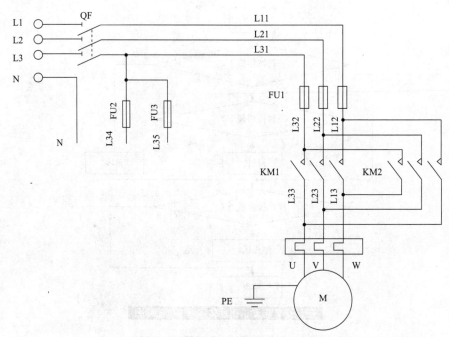

图 2-22 电动机正反转控制系统主电路

（1）QF 为电源开关，既可以分断三相交流电，又可以用于短路保护，使用和维修都很方便。

（2）熔断器 FU1 可实现对电动机回路的短路保护。FU2、FU3 分别实现对交流控制回路和 PLC 控制回路的短路保护。

（3）KM1、KM2 是控制电动机正、反转的交流接触器。

（4）热继电器 FR 实现对电动机的过载保护。

（二）PLC 输入／输出电路

该任务的控制电路输入／输出接线图如图 2-23 所示。

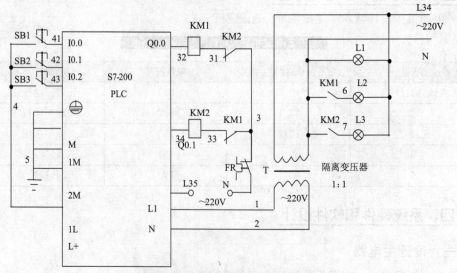

图 2-23 PLC 输入／输出接线图

（1）KM1、KM2接触器的线圈采用了互锁，以防止误操作，增加系统的可靠性。

（2）PLC输入电路中，电源采用PLC本身的DC 24V直流电源，所有输入元件一端短接后接入PLC电源DC 24V的L+端。

（3）PLC输出采用继电器输出，L35作为输出回路的电源，为负载供电，所有的COM端短接后接入电源N端。

（4）L1为电源指示灯，L2、L3分别为电动机正、反转指示灯。

（三）程序设计

根据图2-21所示的电动机正反转控制流程图，编写的控制程序如图2-24所示。

电动机正反转控制程序比较简单，主要由两个启停电路组成。I0.0常开触点是电动机正转的启动条件，当按下电动机正转启动按钮SB1时，I0.0常开触点为1，而I0.1和I0.2对应的常闭触点闭合，电动机正转输出Q0.0得电，使得接触器KM1的线圈得电，常开触点闭合，电动机得电正转。Q0.0的常开触点与I0.0的常开触点并联，实现Q0.0得电保持，即使SB1松开，由于电动机正转Q0.0也会保持得电的状态，而不会因为SB1的松开而失电。I0.2、I0.3的常闭触点串联到电路中，构成停止电路，当电动机反转启动按钮SB2或停止按钮SB3中的任意一个被按下时，电动机正转线圈Q0.0就会失电，接触器KM1的线圈失电，电动机主电路中的KM1主触点断开，从而实现电动机的反转或停机。电动机反转的电路原理和正转一样。

在控制程序中，分别将I0.0、I0.1的常闭触点串联到对方的电路中，实现了正反转的互锁，与图2-24硬件电路互锁相互配合，加强了控制系统的安全性。

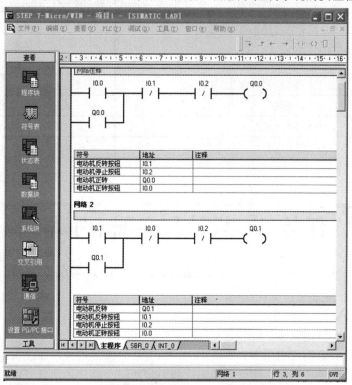

图2-24 电动机控制系统控制程序

▌五、系统调试

程序设计完成后，可以进行仿真或模拟调试，以检查程序能否满足控制要求。S7-200 的程序调试有两种：一种是利用仿真软件进行仿真，另一种是利用硬件和小开关等进行模拟。

本任务采用模拟调试的方法对程序进行检查。在 PLC 实验室可以对电动机正反转实现模拟调试，根据图 2-23 PLC 输入 / 输出接线图，对电动机模拟系统进行接线，按钮 SB1、SB2、SB3 分别接在 S7-200 PLC 的输入点 I0.0、I0.1、I0.2 上，作为电动机的正转、反转、停止按钮，LED 指示灯 L2、L3 分别接在 PLC 的输出点 Q0.0、Q0.1 上，作为电动机正转、反转指示灯。结合图 2-21 的电动机正反转控制电路流程图，按下 SB1、SB2、SB3，观察指示灯 L2、L3 是否按照控制要求点亮。实验调试证明，所编程序可以满足控制要求。

▌六、整理技术文件

系统调试完成后，要整理、编写相关的技术文档，主要包括电气原理图（包括主电路、控制电路和输入 / 输出电路）及设计说明（包括设备选型等），I/O 分配表、电路控制流程图，带注释的原程序和软件设计说明，调试记录，系统使用说明书。最后形成正确的、与系统最终交付使用时相对应的一整套完整的技术文档。

🍎 任务评价

序号	检查项目	评价方式（总分100分）
1	系统控制流程图的设计是否正确	流程图设计有误扣 10 分
2	PLC 类型的选择是否合理	PLC 选择不合理扣 10 分
3	I/O 地址的分配是否正确	I/O 地址分配不正确记 0 分
4	接线是否正确（输入、输出、电源）	接线不正确记 0 分
5	程序设计是否正确	程序无法调通酌情扣分
6	能否正确的对系统进行调试	不会对系统进行调试扣 20 分
7	是否编写了技术文档	无技术文档扣 5 分

任务二：设计与实现十字路口交通灯控制系统

📖 任务引入

随着社会经济的发展，城市交通问题越来越引起人们的关注，交通信号灯的出现，使交通得以有效管制。利用 PLC 实现十字路口交通灯管制的控制系统简单、经济，可以有效地疏导交通，提高交通路口的通行能力。而每个路口的交通灯都根据该十字路口的交通状况，由不同的红绿灯亮灭控制，那么用 PLC 如何实现对十字路口交通灯的控制呢？希望你们能给出详解。

 **任务分析**

利用 PLC 设计十字路口交通灯控制系统，在十字路口南北方向及东西方向均设有红、黄、绿三只信号灯，六只信号灯依一定的"时序"循环往复工作。信号灯受电源总开关控制，接通电源，信号灯系统开始工作；关闭电源，所有的信号灯都熄灭。当程序运行出错，东西与南北方向的绿灯同时点亮时，程序自动关闭。在晚上车辆稀少时，要求交通灯处于下班状态，即两个方向的黄灯一直闪烁。

在信号灯工作期间，东西方向及南北方向的红灯为长亮，时间为 30s，在红灯亮时的最后 2s，东西方向及南北方向的黄灯同时点亮，时间为 2s，东西方向及南北方向的绿灯为长亮 25s，然后闪烁 3s。此控制系统要求设计并实现，形成相应的设计文档。

该任务的控制系统比较容易实现，只需要一般的 PLC 即可。它主要包括控制部分 PLC，以及控制十字路口交通灯的启动和停止的按钮、指示灯等。要完成该任务，首先要对 PLC 进行选型，设计电气原理图，进行相应的文档设计及系统调试。

在完成该任务的控制系统设计之前，先学习 PLC 的相关知识，下面就德国西门子 S7-200 PLC 与本任务相关的理论知识进行详解。

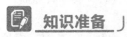 **知识准备**

一、S7-200 PLC 的定时器指令

（一）定时器指令介绍

定时器由集成电路构成，是 PLC 中的重要硬件编程元件。编程时，需向定时器提前输入时间预设值，在运行时当定时器的输入条件满足时开始计时，当前值从 0 开始按一定的时间单位增加，当定时器的当前值达到预设值时，定时器动作发出中断请求，以便 PLC 响应而作出相应的动作。此时它对应的常开触点闭合，常闭触点断开。利用定时器的输入与输出触点就可以得到控制所需的延时时间。

S7-200 PLC 提供了 3 种定时器指令：TON（通电延时）、TONR（有记忆通电延时）和 TOF（断电延时）。

S7-200 定时器的分辨率（时间增量／时间单位／分辨率）有 3 个等级：1ms、10ms 和 100ms，分辨率等级和定时器号关系如表 2-4 所示。

表 2-4 分辨率和定时器号

定时器类型	分辨率／ms	计时范围／s	定时器号
TON（通电延时定时器）TOF（断电延时定时器）	1	32.767	T32, T96
	10	327.67	T33～T36, T97～T100
	100	3276.7	T37～T63, T101～T255
有记忆的通电延时定时器（TONR）	1	32.767	T0, T64
	10	327.67	T1～T4, T65～T68
	100	3276.7	T5～T31, T69～T95

虽然通电延时定时器（TON）与断电延时定时器（TOF）的编号相同，但是不能共享相同的定时器号。例如，在对同一个PLC进行编程时，T37不能既作为通电延时定时器，又作为断电延时定时器使用。

定时时间的计算：

$$T=PT \cdot S$$

（T为实际定时时间，PT为预设值，S为分辨率等级）

例如：TON指令用定时器T39，预设值为125，则实际定时时间为

　　　　$T=125 \times 100=12500ms=12.5s$

定时器指令的操作数有3个：定时器编号（Txxx）、预设值（PT）和使能输入（IN）。

定时器编号：用定时器的名称和常数编号（最大255）来表示，即Txxx，如T50。

预设值PT：数据类型为INT型，寻址范围可以是VW、IW、QW、MW、SW、SMW、LW、AIW、T、C、AC、*VD、*AC、*LD和常数。

使能输入IN（只对LAD和FBD）：BOOL型，可以是I、Q、M、SM、T、C、V、S、L和能流。

可以用复位指令来对3种定时器复位，复位指令的执行结果是：使定时器位变为OFF，定时器当前值变为0。

知识链接

　　定时器的编号包含两方面的变量信息：定时器位和定时器当前值。

　　定时器位：定时器位与时间继电器的输出相似，当定时器的当前值达到预设值PT时，该位发生变化，被置为"1"。

　　定时器当前值：存储定时器当前所累计的时间，它用16位符号整数来表示，故最大计数值为32767。

1. 通电延时定时器指令TON

通电延时定时器TON用于单一间隔的定时，当使能输入IN接通时，通电延时定时器开始计时，当定时器的当前值大于等于预设值（PT）时，该定时器状态位被置位；当使能输入IN断开时，通电延时定时器复位，当前值被清除（即在定时过程中，启动输入需一直接通）。达到预设值后，定时器仍继续定时，达到最大值32767时停止。

指令格式：TON　Txxx，PT

例如：　　　TON　T120，8

【例2-9】图2-25为通电延时定时器应用举例，图2-26为其时序图。

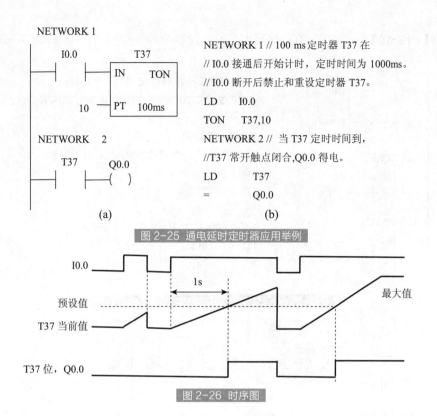

NETWORK 1

NETWORK 1 // 100 ms 定时器 T37 在
// I0.0 接通后开始计时，定时时间为 1000ms。
// I0.0 断开后禁止和重设定时器 T37。
LD   I0.0
TON   T37,10

NETWORK 2 // 当 T37 定时时间到，
//T37 常开触点闭合,Q0.0 得电。
LD   T37
=   Q0.0

(a)   (b)

图 2-25 通电延时定时器应用举例

图 2-26 时序图

从时序图中可以看出：定时器 T37 在 I0.0 接通后开始计时，当定时器的当前值等于预设值 10（即延时 100ms×10=1s 时），T37 位置 1（其常开触点闭合 Q0.0 得电）。此后，如果 I0.0 仍然接通，定时器继续计时直到最大值 32767，T37 位保持接通直到 I0.0 断开。任何时刻，只要 I0.0 断开，T37 就复位：定时器状态位为 OFF，当前值 =0。

2. 有记忆通电延时定时器指令 TONR

有记忆通电延时定时器指令用于对许多间隔的累计定时。在上电周期或首次扫描中，定时器位为 OFF，当前值保持不变。使能输入接通时，定时器位为 OFF，当前值从 0 开始累计计数时间。使能输入断开时，定时器位和当前值保持最后状态。使能输入再次接通时，当前值从上次的保持值继续计数，当累计当前值达到预设值时，定时器位为 ON，当前值连续计数到 32767。

TONR 只能用复位指令进行复位操作，使当前值清零。

指令格式：TONR Txxx, PT
例如：   TONR T20, 63

小提示

有记忆通电延时定时器(TONR)只能通过复位指令进行复位。

【例 2-10】 图 2-27 为有记忆通电延时定时器 TONR 应用举例。图 2-28 为时序图。

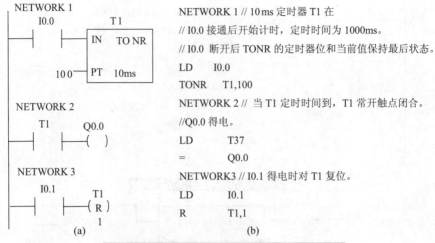

NETWORK 1 // 10ms 定时器 T1 在

// I0.0 接通后开始计时,定时时间为 1000ms。

// I0.0 断开后 TONR 的定时器位和当前值保持最后状态。

```
LD      I0.0
TONR    T1,100
```

NETWORK 2 // 当 T1 定时时间到,T1 常开触点闭合。

//Q0.0 得电。

```
LD      T37
=       Q0.0
```

NETWORK3 // I0.1 得电时对 T1 复位。

```
LD      I0.1
R       T1,1
```

(a)　　　　　　　　　　　　(b)

图 2-27 有记忆通电延时定时器 TONR 应用举例

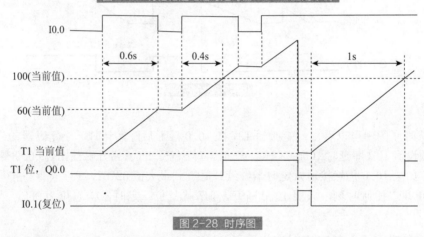

图 2-28 时序图

3. 断电延时定时器指令 TOF

断电延时定时器指令用于断开后的单一间隔定时。在上电周期或首次扫描中,定时器位为 OFF,当前值为 0。使能输入接通时,定时器位为 ON,当前值为 0。当使能输入由接通到断开时,定时器开始计数,当前值达到预设值时,定时器位为 OFF,当前值等于预设值,停止计数。

TOF 复位后,如果使能输入再有从 ON 到 OFF 的负跳变,则可实现再次启动。

指令格式:TOF Txxx,PT

例如: 　　　TOF T35,6

> **小提示**
>
> 对于断电延时定时器(TOF),需要输入端有一个负跳变(由 on 到 off)的输入信号启动计时。

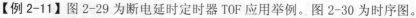

【例 2-11】 图 2-29 为断电延时定时器 TOF 应用举例。图 2-30 为时序图。

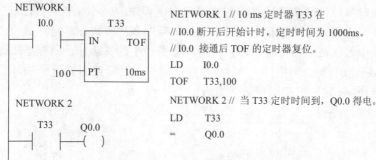

NETWORK 1 // 10 ms 定时器 T33 在
// I0.0 断开后开始计时，定时时间为 1000ms。
// I0.0 接通后 TOF 的定时器复位。
LD   I0.0
TOF   T33,100

NETWORK 2 // 当 T33 定时时间到，Q0.0 得电。
LD   T33
=   Q0.0

图 2-29 断电通延时定时器 TOF 应用举例

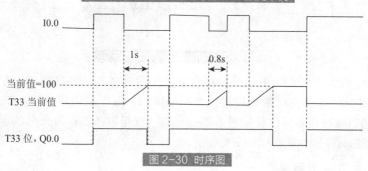

图 2-30 时序图

▮▮ 4. 分辨率对定时器的影响

（1）1ms 分辨率定时器 1ms 分辨率定时器启动后，定时器对 1ms 的时间间隔（时基信号）进行计时。定时器的当前值每隔 1ms 刷新一次，在一个扫描周期中要刷新多次，而不和扫描周期同步。

1ms 定时器的编程示例如图 2-31 所示。在图（a）中，T32 定时器每隔 1ms 更新一次。若定时器当前值 100 在图示 A 处刷新，Q0.0 可以接通一个扫描周期；若在其他位置刷新，Q0.0 则永远不会接通。而在 A 处刷新的概率是很小的。若改为图（b），就可保证当定时器当前值达到设定值时，Q0.0 会接通一个扫描周期。

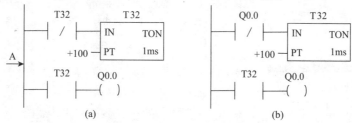

图 2-31 1ms 定时器编程示例

（2）10ms 分辨率定时器 10ms 分辨率定时器启动后，定时器对 10ms 的时间间隔进行计时。执行程序时，在每次扫描周期开始对 10ms 定时器刷新，在一个扫描周期内定时器当前值保持不变。图 2-31（a）同样不适合 10ms 分辨率定时器。

（3）100ms 分辨率定时器 100ms 分辨率定时器启动后，定时器对 100ms 的时间间隔进行计时。只有在执行定时器指令时，100ms 定时器的当前值才被刷新。

在子程序和中断程序中不易使用 100ms 定时器。子程序和中断程序不是在每个扫描周期都被执行的，那么在子程序和中断程序中的 100ms 定时器的当前值就不能及时刷新，造成时基脉冲丢失，致使计时失准；在主程序中，不能重复使用同一个 100ms 的定时器号，否则该定时器指令在一个扫描周期中多次被执行，定时器的当前值在一个扫描周期中多次被刷新。这样，定时器就会多计了时基脉冲，同样造成计时失准。因而，100ms 定时器只能用于每个扫描周期内同一定时器指令执行一次，且仅执行一次的场合。100ms 定时器的编程示例如图 2-32（a）所示。

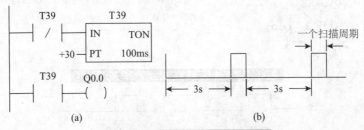

图 2-32 100ms 定时器编程示例

图 2-32（a）所示的定时器是一种自复位式的定时器。定时器 T39 的常开触点每隔 100ms×30=3s 就闭合一次，持续一个扫描周期。可以利用这种特性产生脉宽为一个扫描周期的脉冲信号。改变定时器的设定值，就可以改变脉冲信号的频率。T39 常开触点状态的时序图如图 2-32（b）所示。

（二）定时器应用举例

1. 定时器特性

图 2-33 是介绍 3 种定时器的工作特性的程序片断，其中 T35 为通电延时定时器，T2 为有记忆通电延时定时器，T36 为断电延时定时器。本梯形图程序中输入输出执行时序关系如图 2-34 所示。

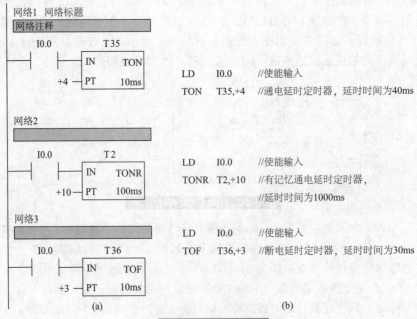

图 2-33 定时器特性

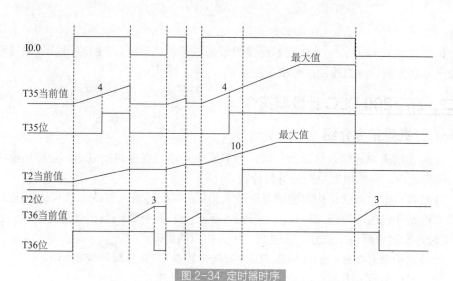

图 2-34 定时器时序

■2. 用定时器设计延时接通 / 延时断开的电路

图 2-35 中用 I0.0 控制 Q0.1，I0.0 的常开触点接通后，T37 开始定时，9s 后 T37 的常开触点接通，使断电延时定时器 T38 的线圈通电，7s 后 T38 的常开触点接通，使 Q0.1 的线圈通电。I0.0 变为 0 状态后 T38 开始定时，7s 后 T38 的定时时间到，其常开触点断开，使 Q0.1 变为 0 状态。

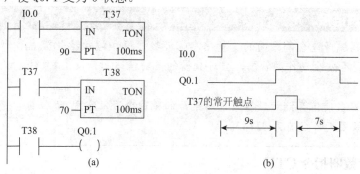

图 2-35 延时接通 / 延时断开电路

■3. 用定时器设计输出脉冲周期和占空比可调的振荡电路（闪烁电路）

图 2-36 中 I0.0 的常开触点接通后，T37 的 IN 输入端为 1 状态，T37 开始定时。2s 后定时时间到，T37 的常开触点接通，使 Q0.0 变为 ON，同时 T38 开始定时。3s 后 T38 的定时时间到，它的常闭触点断开，T37 因为 IN 输入电路断开而被复位。T37 的常开触点断开，使 Q0.0 变为 OFF，同时 T38 因为 IN 输入电路断开而被复位。复位后其常闭触点接通，T37 又开始定时。以后 Q0.0 的线圈将这样周期性地"通电"和"断电"，直到 I0.0 变为 OFF。Q0.0 的线圈"通电"和"断电"的时间间隔分别等于 T38 和 T37 的设

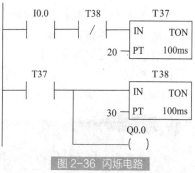

图 2-36 闪烁电路

chapter 01

chapter 02

chapter 03

chapter 04

chapter 05

chapter 06

appendix

定值。

　　闪烁电路实际上是一个具有正反馈的振荡电路，T37 和 T38 的输出信号通过它们的触点分别控制对方的线圈，形成了正反馈。

二、S7-200 PLC 计数器指令

（一）计数器指令介绍

　　计数器用来累计输入脉冲的次数。计数器也是由集成电路构成的，是应用非常广泛的编程元件，经常用来对产品进行计数。

　　计数器与定时器的结构和使用方法基本相似，编程时输入预设值 PV（计数次数），计数器将累计它的脉冲输入端电位上升沿（正跳变）的个数，当计数当前值达到预设值 PV 时，发出中断请求信号，以便 PLC 作出相应的处理。

　　计数器指令有 3 种：加计数器 CTU、加减计数器 CTUD 和减计数器 CTD。

　　指令操作数有 4 方面：编号、预设值、脉冲输入和复位输入。

　　编号：用计数器的名称和常数编号（最大 255）来表示，即 Cxxx，如 C29。

　　预设值 PV：数据类型为 INT 型，寻址范围可以是 VW、IW、QW、MW、SW、SMW、LW、AIW、T、C、AC、*VD、*AC、*LD 和常数。

　　脉冲输入：BOOL 型，可以是 I、Q、M、SM、T、C、V、S、L 和能流。

　　复位输入：与脉冲输入相同的类型和范围。

> **知识链接**
>
> 　　计数器编号包含两方面的变量信息：计数器位和计数器当前值。计数器位表示计数器是否发生动作的状态，当计数器的当前值达到预设值 PV 时，该位被置为"1"。
>
> 　　计数器当前值存储计数器当前所累计的脉冲个数，它用 16 位符号整数（INT）来表示，故最大计数值为 32767。

1. 加计数器指令 CTU

图 2-37 加计数器指令

　　加计数器指令的梯形图如图 2-37 所示。CTU 是加计数器的标志符；Cn 是加计数器编号；CU 是计数脉冲输入端；R 是复位信号输入端；PV 是预设值输入端。

　　首次扫描时，定时器位为 OFF，当前值为 0。在加计数器的计数输入端（CU）脉冲输入的每个上升沿，计数器计数 1 次，当前值增加 1 个单位，当前值达到预设值时，计数器位为 ON，32767 停止计数。复位输入有效或执行复位指令，计数器自动复位，即计数器位 OFF，当前值为 0。

　　指令格式：CTU　Cxxx, PV

　　例如：　　CTU　C20, 3

　　脉冲输入和复位输入同时有效时，优先执行复位操作。

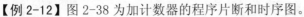

【例 2-12】图 2-38 为加计数器的程序片断和时序图。

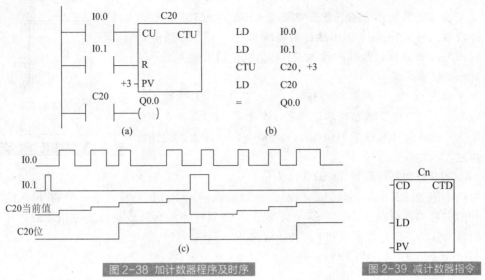

图 2-38 加计数器程序及时序

图 2-39 减计数器指令

2. 减计数器指令 CTD

减计数器指令的梯形图如图 2-39 所示。CTD 是减计数器的标志符;Cn 是减计数器编号;CD 是计数脉冲输入端;LD 是装载输入端;PV 是预设值输入端。

首次扫描时,定时器位为 OFF,当前值为预设值 PV。计数器检测到 CD 端输入的每个上升沿时,计数器当前值减小 1 个单位,当前值减到 0 时,计数器位为 ON。

当复位输入有效或执行复位指令时,计数器自动复位,即计数器位为 OFF,当前值复位为预设值,而不是 0。

指令格式:CTD Cxxx, PV

例如: CTD C40, 4

【例 2-13】图 2-40 为减计数器的程序片断和时序图。

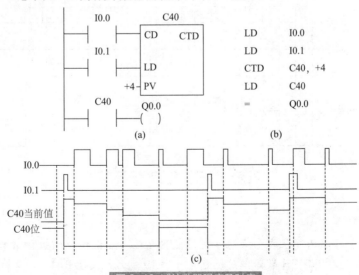

图 2-40 减计数器程序及时序

3. 加减计数器指令 CTUD

加减计数器指令的梯形图如图 2-41 所示。CTUD 是加减计数器的标志符；Cn 是加减计数器编号；CU 是加计数脉冲输入端；CD 是减计数脉冲输入端；R 是复位信号输入端；PV 是预设值输入端。

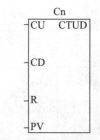

图 2-41 加减计数器指令

首次扫描，定时器位为 OFF，当前值为 0。CU 端输入的每个上升沿，使计数器当前值增加 1 个单位；CD 端输入的每个上升沿，使计数器当前值减小 1 个单位，当前值达到预设值时，计数器位为 ON。

加减计数器计数到 32767（最大值）后，下一个 CU 输入的上升沿将使当前值跳变为最小值（-32768）；反之，当前值达到最小值（-32768）时，下一个 CD 输入的上升沿将使当前值跳变为最大值（32767）。当复位输入有效或执行复位指令时，计数器自动复位，即计数器位 OFF，当前值为 0。

指令格式：CTUD Cxxx, PV

例如：　　　CTUD C30, 5

【例 2-14】如图 2-42 所示为加减计数器的程序片断和时序图。

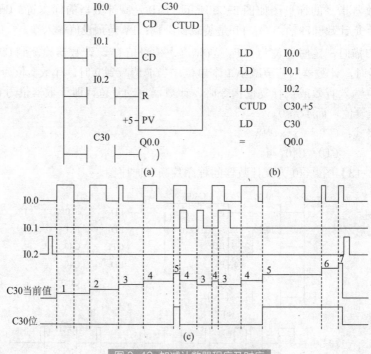

图 2-42 加减计数器程序及时序

小提示

（1）可以用复位指令来对 3 种计数器复位，复位指令的执行结果是：使计数器位变为 OFF；计数器当前值变为 0（CTD 变为预设值 PV）。

（2）在一个程序中，同一个计数器编号只能使用一次。

（二）计数器应用举例

计数器和定时器可配合设计长延时电路，如图 2-43 所示。通过分析可知以下程序中实际延时时间为 100ms×30000×10=30000s。

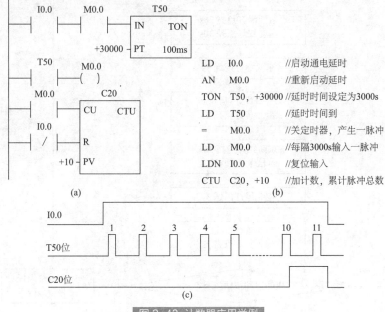

<table>
<tr><td>LD</td><td>I0.0</td><td>//启动通电延时</td></tr>
<tr><td>AN</td><td>M0.0</td><td>//重新启动延时</td></tr>
<tr><td>TON</td><td>T50，+30000</td><td>//延时时间设定为3000s</td></tr>
<tr><td>LD</td><td>T50</td><td>//延时时间到</td></tr>
<tr><td>=</td><td>M0.0</td><td>//关定时器，产生一脉冲</td></tr>
<tr><td>LD</td><td>M0.0</td><td>//每隔3000s输入一脉冲</td></tr>
<tr><td>LDN</td><td>I0.0</td><td>//复位输入</td></tr>
<tr><td>CTU</td><td>C20，+10</td><td>//加计数，累计脉冲总数</td></tr>
</table>

图 2-43 计数器应用举例

任务实施

任务实施步骤如下。

一、确定控制方案

十字路口交通灯控制系统比较简单，采用 PLC 单机控制即可，十字路口交通灯示意图如图 2-44 所示，系统控制流程图如图 2-45 所示。

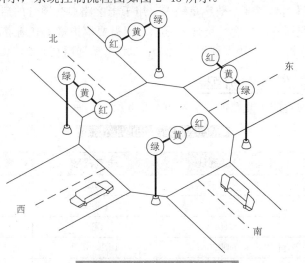

图 2-44 十字路口交通灯示意图

chapter 01
chapter 02
chapter 03
chapter 04
chapter 05
chapter 06
appendix

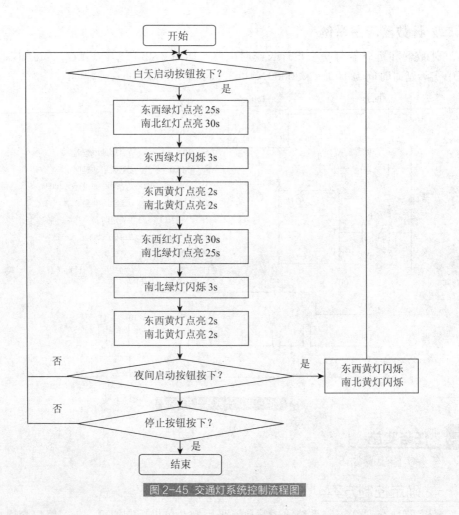

图 2-45 交通灯系统控制流程图

二、选择 PLC 类型

本任务中，只用到了 3 个数字量输入点用于十字路口交通灯的启停控制，6 个数字量输出点控制交通灯红、绿、黄灯的显示，不需要模拟量 I/O 通道，一般的 PLC 都能够胜任。通过分析，PLC 类型选用 S7-200；CPU 类型选用 CPU224 AC/DC/ 继电器。

三、PLC 的 I/O 地址分配

十字路口交通灯的 I/O 地址分配表如表 2-5 所示。

表 2-5 输入 / 输出地址分配表

序号	PLC 地址	电气符号	功能
1	I0.0	SB1	白天启动按钮
2	I0.1	SB2	夜间启动按钮
3	I0.2	SB3	停止按钮
4	Q0.0	HL1、HL2	东西绿灯
5	Q0.1	HL3、HL4	东西黄灯

续表

序号	PLC 地址	电气符号	功能
6	Q0.2	HL5、HL6	东西红灯
7	Q0.3	HL7、HL8	南北绿灯
8	Q0.4	HL9、HL10	南北黄灯
9	Q0.5	HL11、HL12	南北红灯

四、系统硬件和软件设计

（一）PLC 输入 / 输出电路

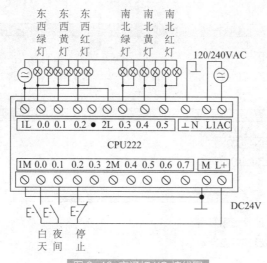

图 2-46 交通灯 I/O 接线图

（二）程序设计

根据控制要求及交通信号灯时序图设计程序，选用 S7-200 的 CPU224 模块控制交通信号灯。用基本逻辑指令设计的信号灯控制梯形图如图 2-47 所示。

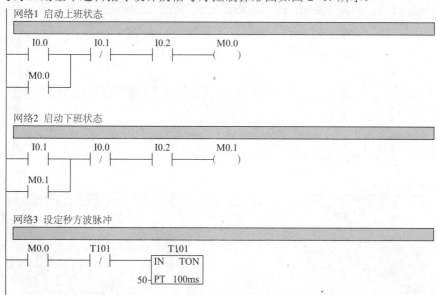

网络4

```
  T101       M1.0        M1.0
───┤├────────┤/├────────( )
  T101       M1.0
───┤├────────┤/├
```

网络5 设定6段延时

```
  T37        T42           T37
───┤├────────┤/├         ┌─────────┐
                         │IN   TON │
                    250 ─┤PT  100ms│
                         └─────────┘
```

网络6

```
  T37                     T38
───┤├                   ┌─────────┐
                        │IN   TON │
                    30 ─┤PT  100ms│
                        └─────────┘
```

网络7

```
  T38                     T39
───┤├                   ┌─────────┐
                        │IN   TON │
                    20 ─┤PT  100ms│
                        └─────────┘
```

网络8

```
  T39                     T40
───┤├                   ┌─────────┐
                        │IN   TON │
                   250 ─┤PT  100ms│
                        └─────────┘
```

网络9

```
  T40                     T41
───┤├                   ┌─────────┐
                        │IN   TON │
                    30 ─┤PT  100ms│
                        └─────────┘
```

网络10

```
  T41                     T42
───┤├                   ┌─────────┐
                        │IN   TON │
                    20 ─┤PT  100ms│
                        └─────────┘
```

网络11 东西绿灯

```
  M0.0       T37                        Q0.3       Q0.0
───┤├────────┤/├─────────────────────────┤/├───────( )
  T37        T38        M1.0
───┤├────────┤/├────────┤├
```

网络12 所有红灯

```
  M0.0       T39        Q0.5
───┤├────────┤/├────────( )
```

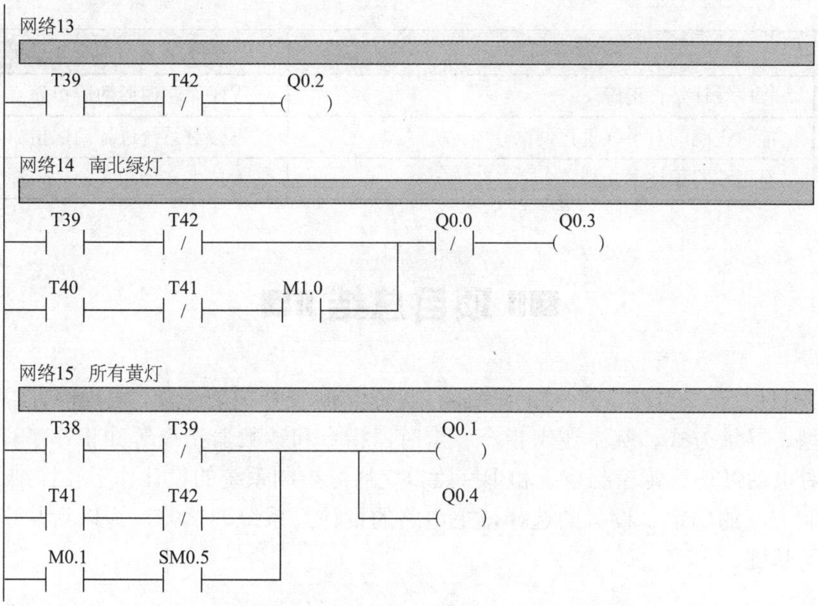

网络13

```
T39      T42      Q0.2
─┤├──────┤/├──────(   )
```

网络14　南北绿灯

```
T39      T42              Q0.0     Q0.3
─┤├──────┤/├──────┬───────┤/├──────(   )
T40      T41      M1.0     │
─┤├──────┤/├──────┤├──────┘
```

网络15　所有黄灯

```
T38      T39                      Q0.1
─┤├──────┤/├──────┬───────────────(   )
T41      T42      │               Q0.4
─┤├──────┤/├──────┤               (   )
M0.1     SM0.5    │
─┤├──────┤├───────┘
```

图 2-47　十字路口交通灯控制系统程序

五、系统调试

本任务采用模拟调试的方法对程序进行检查。在 PLC 实验室可以对十字路口交通灯控制系统实现模拟调试，根据图 2-46 交通灯 I/O 接线图对交通灯模拟系统进行接线，按钮 SB1、SB2、SB3 分别接在 S7-200 PLC 的输入点 I0.0、I0.1、I0.2 上，作为交通灯白天工作、夜间工作和停止按钮；LED 指示灯 HL1~HL6 分别接在 PLC 的输出点 Q0.0、Q0.1、Q0.2 上，用于交通灯东西灯的显示；LED 指示灯 HL7~HL12 分别接在 PLC 的输出点 Q0.3、Q0.4、Q0.5 上，用于交通灯南北灯的显示。结合图 2-45 的十字路口交通灯系统控制流程图，依次按下 SB1、SB2、SB3，观察指示灯是否按照控制要求点亮。实验调试证明，所编程序可以满足控制要求。

六、整理技术文件

调试完系统后，要整理、编写相关的技术文档，主要包括电气原理图（包括主电路、控制电路和输入 / 输出电路）及设计说明，I/O 分配表、电路控制流程图，带注释的原程序和软件设计说明，调试记录，系统使用说明书。最后形成正确的、与系统最终交付使用时相对的一整套完整的技术文档。

任务评价

序号	检查项目	评价方式（总分100分）
1	系统控制流程图设计是否正确	流程图设计有误扣 10 分
2	PLC 类型选择是否合理	PLC 选择不合理扣 10 分
3	I/O 地址分配是否正确	I/O 地址分配不正确记 0 分
4	接线是否正确（输入、输出、电源）	接线不正确记 0 分

序号	检查项目	评价方式（总分 100 分）
5	程序设计是否正确	程序无法调通酌情扣分
6	能否正确的对系统进行调试	不会对系统进行调试扣 20 分
7	是否编写了技术文档	无技术文档扣 5 分

▉▍ 项目总结 ▉▍

    本项目对 S7-200 系列 PLC 的系统结构，基本配置和扩展配置，编程语言、数据区、数据类型、寻址方式、基本逻辑指令、定时器指令和计数器指令等知识作了详细的讲解。并对电动机正反转控制系统和十字路口交通灯控制系统的设计作了较详细的介绍，包括控制方案的确定，设备的选择，主电路的设计，系统调试等，为以后从事相应的工作打下基础。

▉▍ 项目检测 ▉▍

1. S7-200 PLC 的程序结构是什么？各说明其作用？
2. 梯形图编程语言为什么是可编程控制器的主要编程语言？
3. S7-200 PLC 所用的基本数据类型有哪些？
4. S7-200 PLC 有哪些寻址方式？
5. 写出图 2-48 所示梯形图的语句表程序。

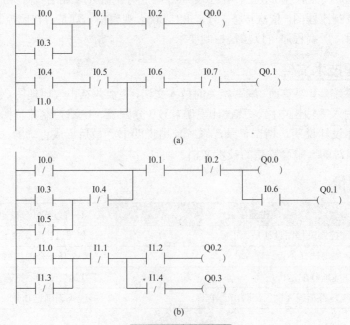

图 2-48 题 5 的图

6. 写出图 2-49 所示梯形图的语句表程序。

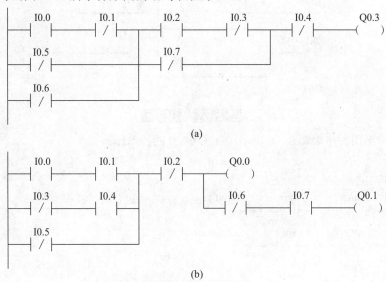

图 2-49 题 6 的图

7. 写出图 2-50 所示梯形图的语句表程序。

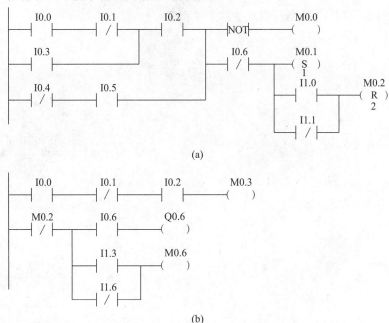

图 2-50 题 7 的图

8. 有电动机三台，希望能够同时启动同时停车。设 Q0.0、Q0.1、Q0.2 分别驱动电动机的接触器。I0.0 为启动按钮，I0.1 为停车按钮，试编写程序。

9. 利用 S、R 和跳变指令设计出如图 2-51 所示波形的梯形图。

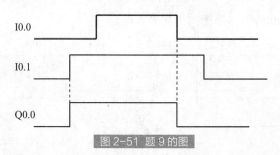

图 2-51 题 9 的图

10. 梯形图程序如图 2-52 所示，画出 Q0.0 的波形图。

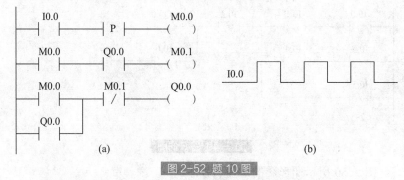

(a)   (b)

图 2-52 题 10 图

11. 写出下列语句表程序对应的梯形图程序。

```
LD     I0.0
AN     I0.0
O      Q0.3
ON     I0.1
LD     Q0.2
O      M3.7
AN     I1.5
LDN    I0.5
A      I0.4
OLD
ON     M0.2
ALD
O      I0.4
LPS
EU
=      M3.7
LPP
AN     I0.3
NOT
S      Q0.4, 1
(a)
```

```
LD      I0.1
AN      I0.0
LPS
AN      I0.2
LPS
A       I0.4
=       Q2.1
LPP
A       I4.6
R       Q1.2, 1
LRD
A       I0.5
=       M3.6
LPP
AN      I0.6
=       Q0.0
```
(b)

12. S7-200 PLC 中共有几种类型的定时器？对它们执行复位指令后，它们的当前值和位的状态是什么？

13. 定时器的定时时间计算公式是什么？

14. 通电延时定时器的工作过程是什么？

15. S7-200 PLC 有记忆通电延时定时器的特点是什么？

16. 叙述分辨率对定时器的影响？

17. S7-200 PLC 有哪几种计数器指令？

18. 加计数器指令 CTU 是如何工作的？

19. 加减计数器有什么特点？

20. 有一自动生产线，分别用三台电动机 M1、M2、M3 进行控制，要求：M3 启动后，M2 才能启动，M2 启动 5s 后，M1 启动。停止时，M1 先停止，10s 后 M2、M3 同时停止。试设计控制程序。

21. 用梯形图设计一个 1 小时 40 分钟的长定时报警电路程序。该定时电路的启动信号是 I0.0，复位信号是 I0.1，定时时间到后 Q0.0 输出报警信号。报警灯亮 2s、灭 3s，灯亮灭总时间为 10s 后定时报警结束。

项目三

顺序控制设计法

项目导读

在实际生产中，送料小车要实现往返运动，有时还要求在两终端要有一定时间的停留，以满足生产工艺要求。解决方法是在往返的限定位置安装行程开关，通过运动部件的撞击使行程开关动作，接通或断开控制电路，实现电动机的正反转自动转换，从而实现小车往返运动控制。本项目应用可编程控制器的顺序控制设计法，设计实现了送料小车往返运动控制系统。

项目要点

本项目主要带领大家学习可编程控制器顺序控制设计法的相关知识，主要包括以下几点：

■ 1. PLC 顺序控制设计

■ 2. 顺序控制梯形图的设计方法

任务：设计与实现送料小车自动往返运动控制系统

任务引入

在采石场有一个送料小车，运用小车的往返运动来运送石料，这样省时省力，提高了效率，那如何利用可编程控制器实现送料小车自动往返，希望你可以给出详解。

任务分析

设计某一送料小车往返运动控制系统。对电路的要求：采用行程控制的原则，按下启动按钮，小车前进向终点驶去，到达终点停留 5s 卸料，然后再后退，到达始发点停留 5s 装料，装好再前进，如此循环下去，直至按下停车按钮才能停止，小车正反转均可启动。送料小车工作示意图如图 3-1 所示。

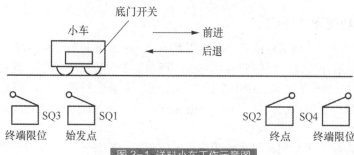

图 3-1 送料小车工作示意图

该任务主要包括控制部分 PLC、小车行程开关、限位开关以及小车自动往返的启动和停止的按钮、指示灯等。

在完成该任务的控制系统设计之前，先学习 PLC 的相关知识，下面就德国西门子 S7-200 PLC 与本任务相关的理论知识进行详解。

知识准备

一、PLC 顺序控制设计

（一）概述

1. 顺序控制设计法

所谓顺序控制，就是按照生产工艺预先规定的顺序，在各个输入信号的作用下，根据内部状态和时间的顺序，在生产过程中各个执行机构自动地有秩序地进行操作。顺序控制设计法又称"步进控制设计法"，它是一种先进的设计方法，很容易被初学者接受，对于有经验的工程师也会提高设计效率，程序的调试、修改和阅读也很方便。

顺序控制设计法最基本的思想是将系统的一个工作周期划分为若干个顺序相连的阶段，这些阶段称为步（Step），并且用编程元件（如辅助继电器 M 和状态 S）来代表各步。步是根据输出量的状态变化来划分的，在任何一步之内，各输出量的 0/1 状态

chapter 01

chapter 02

chapter 03

chapter 04

chapter 05

chapter 06

appendix

不变，但是相邻两步输出量总的状态是不同的，步的这种划分方法使代表各步的编程元件与各输出量的状态之间有着极为简单的逻辑关系。

使系统由当前步进入下一步的信号称为转换条件，转换条件既可能是外部输入信号，如按钮、指令开关、限位开关的接通／断开等，也可能是可编程控制器内部产生的信号，如定时器、计数器常开触点的接通等，还可能是若干信号的与、或、非逻辑组合。

顺序控制设计法先用转换条件控制代表各步的编程元件，使它们的状态按一定的顺序变化，然后用代表各步的编程元件去控制各输出继电器。这种设计思想由来已久，在继电器控制系统中，顺序控制是用有触点的步进式选线器（或鼓形控制器）来实现的，但是由于触点的磨损和接触不良，工作很不可靠。20 世纪 70 年代出现的顺序控制器主要由分立元件和中小规模集成电路组成，因为其功能有限，可靠性不高，已经被可编程控制器取代。可编程控制器的设计者们继承了顺序控制的思想，为顺序控制程序的设计提供了大量通用的和专用的编程元件和指令，开发了供设计顺序控制程序用的顺序功能图语言，使这种先进的设计方法成为当前可编程控制器梯形图设计的主要方法。

2. 顺序功能图 (SFC)

这是一种位于其他编程语言之上的图形语言，用来编制顺序控制程序。

SFC 提供了一种组织程序的图形方法，在 SFC 中可以用别的语言嵌套编程。步、转换和动作 (Action) 是 SFC 中的 3 种主要元件。步是一种逻辑块，即对应于特定的控制任务的编程逻辑，动作是控制任务的独立部分，转换是从一个任务到另一个任务的原因。

例如，灌满一个配料罐可以作为一步，它也可以被进一步划分为一些动作，如打开配料阀 A，B 与 C，液位高度可以作为转换，它将使系统进入下一步——将加入的液料混合。

作为图形语言，SFC 提供给用户以下几种基本的程序结构，在顺序结构中，CPU 首先反复执行步 1 中的动作，直到转换 1 变为"1"状态，以后 CPU 将处理第 2 步。

对于目前大多数可编程控制器，SFC 还仅仅作为组织编程的工具，尚需用其他编程语言（如梯形图）将它转换为可编程控制器可执行的程序。因此，通常只是将 SFC 作为可编程控制器的辅助编程工具，而不是一种独立的编程语言。

（二）顺序控制设计法中的顺序功能图绘制

1. 概述

顺序功能图 (SFC) 又叫做"状态转移图"或"功能表图"，它是描述控制系统的控制过程、功能和特性的一种图形，也是设计可编程控制器的顺序控制程序的有力工具。

顺序功能图并不涉及所描述的控制功能的具体技术，它是一种通用的技术语言，可以供进一步设计和不同专业的人员之间进行技术交流之用。

在法国的 TE(Telemecanique) 公司研制的 Grafcet 的基础上，1978 年法国公布了用于工业过程文件编制的法国标准 AFCET。第二年法国公布了功能图 (Function Chart) 的国家标准 GRAFCET，它提供了所谓的步 (Step) 和转换 (Transition) 这两种简单的结构,这样可以将系统划分为简单的单元,并定义出这些单元之间的顺序关系。

直到 1982 年欧洲工业控制厂家开始将 GRAFCET 用于组织和控制顺序过程, GRAFCET 不同的实现方法使用户和厂家很快认识到需要制订有关的国际标准。1987 年 IEC(国际电工委员会)公布了用于所有控制系统的通用标准——IEC848,即"控制系统功能图准备标准"。我国也在 1986 年颁布了顺序功能图的国家标准(GB 6988. 6—1986),1994 年 5 月公布的 IEC 可编程序控制器标准(IEC1131)中,顺序功能图(Sequential Function Chart)被确定为可编程控制器位居首位的编程语言。

顺序功能图主要由步、有向连线,转换、转换条件和动作(或命令)组成。

■ 2.步与动作

(1)步的基本概念

在控制系统的一个工作周期中,各依次顺序相连的工作阶段,称为步,用矩形框或者文字(数字)表示。例如,在图 3-2 中用矩形方框表示步,方框中可以用数字表示该步的编号,也可以用代表该步的编程元件的元件号作为步的编号。

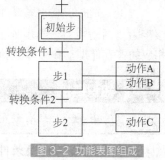

图 3-2 功能表图组成

> **小提示**
>
> 两个步绝对不能直接相连,必须用一个转换将它们分隔开。

(2)初始步

与系统的初始状态相对应的步称为初始步,初始状态一般是系统等待启动命令的相对静止的状态,即 PLC 电源有电、系统还没有启动的停止状态。初始步用双线方框表示,如图 3-2 所示。大多数系统在运行过程中,只要有停止命令就要返回到停止状态(初始步),在顺序功能图中可以不画初始步,而是将停止按钮作为每一步的停止信号,以保证系统在任何运行状态按下停止按钮都能返回初始步。

> **小提示**
>
> 顺序功能图中的初始步一般对应于系统等待启动的初始状态,不要漏掉初始步。

(3)与步对应的动作或命令

可以将一个控制系统划分为被控系统和施控系统,例如在数控车床系统中,数控装置是施控系统,而车床是被控系统。对于被控系统,在某一步中要完成某些"动作"(action);对于施控系统,在某一步中则要向被控系统发出某些"命令"(command)。为了叙述方便,下面将命令或动作简称为"动作",并用矩形框中的文字或符号表示,该矩形框应与相应的步的符号相连。

如果某一步有几个动作,可以用图 3-3 中的两种画法来表示,但是并不隐含这些动作之间的任何顺序。

chapter 01

chapter 02

chapter 03

chapter 04

chapter 05

chapter 06

appendix

图 3-3 动作

说明命令的语句应清楚地表明该命令是存储型的还是非存储型的。例如，某步的存储型命令"打开 1 号阀并保持"，是指该步活动时 1 号阀打开，该步不活动时继续打开；非存储型命令"打开 1 号阀"，是指该步活动时打开，不活动时关闭。

（4）活动步　当系统正处于某一步所在的阶段时，叫做该步处于活动状态，称该步为"活动步"。当步处于活动状态时，相应的动作被执行；处于不活动状态时，相应的非存储型动作被停止执行。

知识链接

只有当某一步所有的前级步都是活动步时，该步才有可能变成活动步。

■‖ 3. 有向连线与转换条件

（1）有向连线　在顺序功能图中，随着时间的推移和转换条件的实现，将会发生步的活动状态的进展，这种进展按有向连线规定的路线和方向进行。在画顺序功能图时，将代表各步的方框按它们成为活动步的先后次序顺序排列，并用"有向连线"将它们连接起来。步的活动状态习惯的进展方向是从上到下或从左至右，在这两个方向有向连线上的箭头可以省略。如果不是上述的方向，应在有向连线上用箭头注明进展方向。在可以省略箭头的有向连线上，为了更易于理解也可以加箭头。

如果在画图时有向连线必须中断（如在复杂的图中，或用几个图来表示一个顺序功能图时），应在有向连线中断之处标明下一步的标号和所在的页数，如步 83，12 页。

（2）转换　转换用有向连线上与有向连线垂直的短画线来表示，转换将相邻两步分隔开。步的活动状态的进展是由转换的实现来完成的，并与控制过程的发展相对应。

（3）转换条件　转换条件是与转换相关的逻辑命题，转换条件可以用文字语言、布尔代数表达式或图形符号标注在表示转换的短画线的旁边（见图 3-2）。

转换条件 I0.0 和 $\overline{I0.0}$ 分别表示当二进制逻辑信号 I0.0 为"1"状态和"0"状态时转换实现。符号 ↑ I0.0 和 ↓ I0.0 分别表示当 I0.0 从 0 → 1 状态和从 1 → 0 状态时转换实现。图 3-2 中当步 2 为活动步时，用高电平表示，反之用低电平表示。

使用得最多的转换条件表示方法是"布尔代数表达式"。例如，转换条件（X0+X3）·$\overline{C0}$ 表示 X0 和 X3 的常开触点组成的并联电路接通，并且 C0 的当前值小于设定值（其常闭触点闭合），在梯形图中则用 X0 和 X3 对应编程元件的常开触点并联后再与 C0 的常闭触点串联来表示这个转换条件。

小提示

（1）两个转换不能直接相连，必须用一个步将它们分隔开。

（2）自动控制系统应能多次重复执行同一工艺过程，因此在顺序功能图中一般应有由步和有向连线组成的闭环，即在完成一次工艺过程的全部操作之后，应从最后一步返回初始步，系统停留在初始状态，在采用连续循环工作方式时，将从最后一步返回下一工作周期开始运行的第一步。

（三）顺序功能图的基本结构

功能表图的基本结构形式为单序列、选择序列和并行序列，有时候一张功能图表由多种结构形式组成。

▌1. 单序列

单序列由一系列相继激活的步组成，每一步的后面仅有一个转换，每个转换的后面只有一个步（见图3-4a）。单序列没有下述的分支与合并。

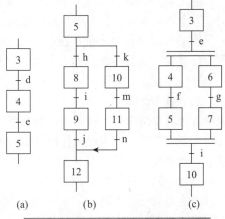

图3-4 单序列、选择序列与并行序列

▌2. 选择序列

选择序列的开始称为分支（见图3-4b），转换符号只能标在水平连线之下。若步5是活动步，并且转换条件h=1，则发生步5→步8的进展。若步5是活动步，并且k=1，则发生步5→步10的进展。

选择序列的结束称为合并，当几个选择序列合并到一个公共序列时，用需要重新组合的序列相同数量的转换符号和水平连线来表示，转换符号只允许标在水平连线之上。若步9是活动步，并且转换条件j=1，则发生由步9→步12的进展。若步11是活动步，并且转换条件n=1，则发生由步11→步12的进展。

▌3. 并行序列

并行序列用来表示系统的几个同时工作的独立部分的工作情况。并行序列的开始称为分支（见图3-4c），当转换的实现导致几个序列同时激活时，这些序列称为并行序列。若步3是活动步，并且转换条件e=1，则步4和步6同时变为活动步，同时步3变为不活动步。为了强调转换的同步实现，水平连线用双线表示。步4和步6被同时激活后，每个序列中活动步的进展将是独立的。在表示同步的水平线之上，只允许有一个转换符号。

并行序列的结束称为合并，在表示同步的水平双线之下，只允许有一个转换符号。当直接连在双线上的所有前级步（步5和步7）都处于活动状态，并且转换条件i=1时，才会发生步5和步7到步10的进展。

4. 顺序功能图中转换实现的基本规则

（1）转换实现的条件　在顺序功能图中，步的活动状态的进展是由转换的实现来完成的。转换实现必须同时满足两个条件：①该转换所有的前级步都是活动步；②相应的转换条件得到满足。

这两个条件是缺一不可的。如果转换的前级步或后续步不止一个，转换的实现称为同步实现。为了强调同步实现，有向连线的水平部分用双线表示。

（2）转换实现应完成的操作　转换实现时应完成以下两个操作：①使所有的后续步变为活动步；②使所有的前级步变为不活动步。

以上规则可以用于任意结构中的转换，其区别如下：在单序列中，一个转换仅有一个前级步和一个后续步。

在选择序列的分支与合并处，一个转换实际上也只有一个前级步和一个后续步，但是一个步可能有多个前级步或多个后续步。

在并行序列的分支处，转换有几个后续步，在转换实现时应同时将它们对应的编程元件置位。在并行序列的合并处，转换有几个前级步，它们均为活动步时才有可能实现转换，在转换实现时应将它们对应的编程元件全部复位。

转换实现的基本规则是根据顺序功能图设计梯形图的基础，它适用于顺序功能图中的各种基本结构和各种顺序控制梯形图的编程方式。

在梯形图中，用编程元件代表步，当某步为活动步时，该步对应的编程元件为"1"状态。当该步之后的转换条件满足时，转换条件对应的触点或电路接通，因此可以将该触点或电路与代表所有前级步的编程元件的常开触点串联，作为转换实现的两个条件同时满足对应的电路。例如，假设某转换条件的布尔代数表达式为X1·X3，它的两个前级步用M205和M206来代表，则应将这4个元件的常开触点串联，作为转换实现的两个条件同时满足对应的电路。在梯形图中，该电路接通时，应使所有代表前级步的编程元件复位，同时使所有代表后续步的编程元件置位（变为"1"状态并保持）。

5. 顺序功能图举例

现用一台专用铣床来加工圆盘状工件，该工件上均匀分布了6个孔（3个大孔和3个小孔）。其控制系统示意图如图3-5所示。

在进入自动运行之前，两个钻头在上面，限位开关I0.3和I0.5为ON状态；系统处于初始步；减计数器C0的设定值3被送入计数器。

操作人员放好工件后，按下启动按钮I0.0，接着Q4.0=ON，机件被夹紧；夹紧到位后I0.1=ON。接着Q4.1=ON，Q4.3=ON，带动两个钻头向下移动开始钻孔。当I0.2=ON时，代表大孔已经钻好，这时Q4.3=OFF，Q4.4=ON，小钻头返回。接着工件台旋转120°，I0.6=ON，代表旋转完成。重复钻孔两次时，计数器C0的状态位=OFF，表示6个孔已加工完毕。Q4.6=ON，

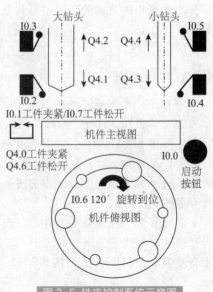

图3-5 铣床控制系统示意图

工件松开，I0.7=ON，本次加工完成。重复循环。

系统的顺序功能图如图 3-6 所示。图中有选择序列、并行序列的分支与合并。步 M0.0 是初始步，加计数器 C0 用来控制钻孔的个数，每次钻完一个孔，C0 的当前值在步 M0.7 减 1。没有钻完 6 个孔时，其常闭触点闭合，继续钻孔；钻完 6 个孔时，C0 的常闭触点断开，转换条件 C0 满足，将返回初始步 M0.0，等待下一次启动命令。

步 M0.4、M0.7 是等待步，它们用来同时结束两个子序列。只要步 M0.4 和 M0.7 都是活动步，就会发生步 M0.4、步 M0.7 到步 M1.1、M1.0 的转换，步 M0.4、M0.7 同时变为不活动步，而步 M1.1、M1.0 变为活动步。

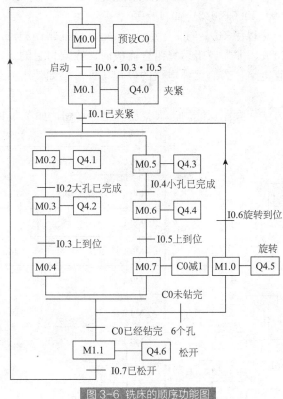

图 3-6 铣床的顺序功能图

二、顺序控制梯形图的设计方法

（一）使用启保停电路的顺序控制梯形图设计法

在画顺序功能图时，步是用辅助继电器 M 来代表的，当某一步为活动步时，对应的辅助继电器为 ON，当某一转换条件满足时，该转换的后续步变为活动步，前级步变为不活动步。在实际生产中，很多转换条件都是短信号，即它存在的时间比它激活后续步的时间短，因此，应使用有记忆（或保持）功能的电路来控制代表步的辅助继电器。在这里介绍具有记忆功能的启保停电路的顺序控制梯形图设计法。

1. 单序列的编程方法

启保停电路仅仅使用与触点和线圈有关的指令，任何一种 PLC 的指令系统都有这类指令，因此这是一种通用的编程方法，可以用于任意型号的 PLC。

设计启保停电路的关键是找出它的启动条件和停止条件，如图 3-7 所示的顺序功能图。转换实现的条件是它的前级步为活动步，并且满足相应的转换条件，所以步 M0.1 变为活动步的条件是它的前级步 M0.0 为活动步，并且满足转换条件 I0.0+I0.3=1。在启保停电路中，控制 M0.1 的启动条件是前级步 M0.0 和转换条件对应常开触点的串联。当 M0.1 和 I0.1 均为 ON 时，步 M0.2 变为活动步，步 M0.1 应变为不活动步，因此，可以将 M0.2=1 作为使辅助继电器变为 OFF 的条件，也就是将后续步 M0.2 串联在 M0.1 步，作为启保停电路的停止条件。上述逻辑关系可以用逻辑代数式表示为

$$M0.1=[M0.0•(I0.0+I0.3)+M0.1]•\overline{M0.2}$$

在这个例子中，可以用 I0.1 的常闭触点代替 M0.2 的常闭触点，但是当转换条件由多个信号经"与、或、非"逻辑运算组合而成时，需要将它的逻辑表达式求反，再将对应的触点串并联电路作为启保停电路的停止条件，不如使用后续步对应的常闭触点这样简单方便。

根据上述编程方法和顺序功能图，很容易写出梯形图，如图 3-8 所示。

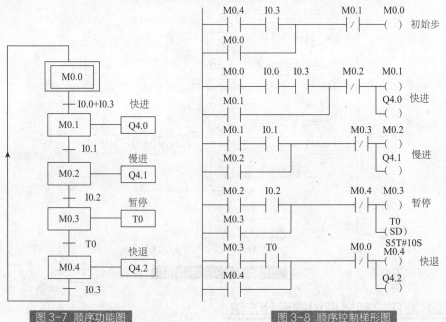

图 3-7 顺序功能图   图 3-8 顺序控制梯形图

下面介绍设计顺序控制梯形图的输出电路部分的方法。由于步是根据输出变量的状态变化来划分的，它们之间的关系极为简单，可以分为两种情况来处理：

一种是某一输出量仅在某一步中为 ON，可以将它的线圈与对应步的存储器位的线圈并联，如图 3-7 中 Q4.0 就属于这种情况。用这些输出线圈来代表该步，可以节省一些编程元件，但是存储器位 M 是完全够用的，全部用存储器位来代表步具有概念清楚、编程规范、梯形图易于阅读和差错的优点。

另一种是某一输出量在几步中都为 ON，应将代表各有关步的存储器位的常开触点并联后，驱动该输出量的线圈。如果某些输出量在连续的若干步均为 ON 状态，可以用置位、复位指令来控制它们。

2. 选择序列的编程方法

在选择序列中，每个选择序列相对于其他的分支都是独立的，可以构成一个完整的单序列。所以在处理选择序列时主要解决公用分支节点和合并节点的问题。

（1）选择序列分支的编程方法 如果某一步后面有一个由 N 条分支组成的选择序列，那么该步可能转换到不同的分支去，应将这 N 个后续步对应的辅助继电器的常闭触点与该步的线圈串联，作为结束该步的条件。如图 3-9（a）所示，步 M0.0 之后有一个选择序列的分支，当它的后续步 M0.1 或 M0.2 变为活动步时，它应变为不活动步。所以需将 M0.1 和 M0.2 的常闭触点串联作为步 M0.0 的停止条件，如图 3-9（b）所示。

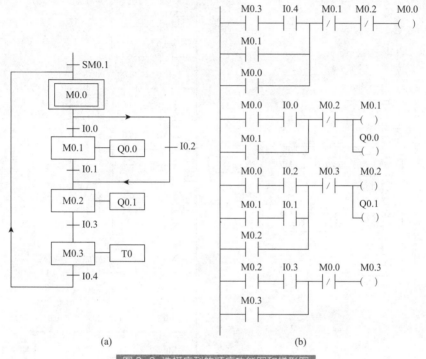

图 3-9 选择序列的顺序功能图和梯形图

（2）选择序列合并的编程方法 对于选择序列的合并，若某一步之前有 N 个转换（即在该步之前有 N 条分支合并后进入该步），则代表该步的辅助继电器的启动电路由 N 条支路并联而成，各支路由某一前级步对应的辅助继电器的常开触点与相应转换条件对应的触点或电路串联而成。

如图 3-9（a）所示，步 M0.2 之前有一个选择序列的合并。当步 M0.0 为活动步并且转换条件 I0.2 满足，或步 M0.1 为活动步并且转换条件 I0.1 满足时，步 M0.2 变为活动步，即控制 M0.2 的启保停电路的启动条件应为 M0.0·I0.2+M0.1·I0.1。对应的启动条件由两条并联支路组成，每条支路分别由 M0.0、I0.2 和 M0.1、I0.1 的常开触点串联而成，如图 3-9（b）所示。

3. 并行序列的编程方法

（1）并行序列分支的编程方法 并行序列中各单序列的第一步应同时变为活动步。对控制这些步的启保停电路使用相同的启动电路，就可以实现这一要求。图 3-10

（a）中步 M0.0 之后有一个并行序列的分支，当 M0.0 为活动步并且转化条件满足时，步 M0.1 和步 M0.2 同时变为活动步，即 M0.1 和 M0.2 同时变为"ON"，即步 M0.1 和步 M0.2 的启动电路相同，都为逻辑关系式 M0.0•I0.0。

（2）并行序列合并的编程方法　图 3-10（a）中步 M0.5 之前有一个并行序列的合并，该转换实现的条件是所有前级步（即步 M0.3 和 M0.4）都是活动步，并且转换条件为同一条件 I0.4 满足，即分支合并的编程应将 M0.3、M0.4 和 I0.4 的常开触点串联，作为控制 M0.5 的启保停电路的启动电路。

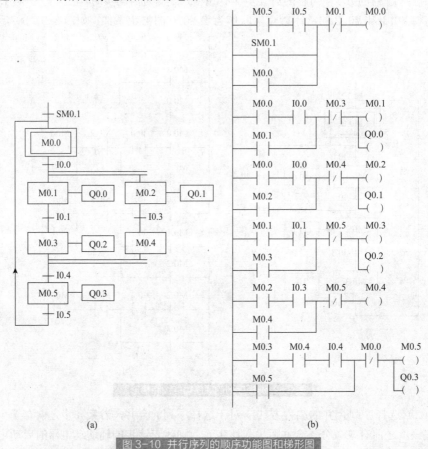

图 3-10　并行序列的顺序功能图和梯形图

▌▌4. 仅有两步的闭环的处理

如果在顺序功能图中存在仅由两步组成的小闭环，如图 3-11（a）所示，用启保停电路设计，那么步 M0.3 的梯形图就如图 3-11（b）所示，可以发现，由于 M0.2 的常开触点和常闭触点串联，它是不能正常工作的。这种顺序功能图的特征是：仅由两步组成的小闭环。当 M0.2 和 I0.2 均为 ON 时，M0.3 的启动电路接通。但是，这时与它串联的 M0.2 的常闭触点却是断开的，所以 M0.3 的线圈不能通电。出现上述问题的根本原因在于步 M0.2 既是步 M0.3 的前级步，又是它的后续步。

如图 3-11（c）所示，增设一个受 I0.2 控制的中间元件 M1.0，就可以解决这一问题，用 M1.0 的常闭触点取代修改后的图 3-11（b）中的 I0.2 的常闭触点。如果 M0.2 为活动步时 I0.2 变为 1 状态，执行图 3-11（c）中的第一个启保停电路时，M1.0 尚为 0 状态，它的常闭触点闭合，M0.2 的线圈通电，保证了控制 M0.3 的启保停电路的启动电路接通，使 M0.3 的线圈通电。执行完图 3-11（c）中最后一行的电路后，M1.0 变为 1 状态，在下一个扫描周期使 M0.2 的线圈断电。

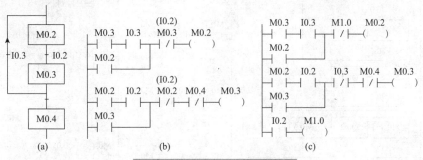

图 3-11 仅有两步的闭环的处理

> **小提示**
>
> 通过上面使用启保停电路的方法设计顺序功能图的梯形图，可以发现，设计启保停电路的关键是找出每一步的启动条件和停止条件，把它的启动条件和停止条件串联起来就构成了每一步的梯形图。

（二）以转换为中心的顺序控制梯形图设计法

如图 3-12 所示为以转换为中心的电路编程方法的顺序功能图与梯形图的对应关系，实现图（a）中 M0.1 对应的转换需要同时满足两个条件，即该转换的前级步是活动步（M0.0=1）和转换条件满足（I0.0=1）。在梯形图（b）中，可以用 M0.0 和 I0.0 的常开触点组成的串联电路来表示上述条件。该电路接通时，两个条件同时满足，此时应完成两个操作，即将该转换的后续步变为活动步（用 SET 指令将 M0.1 置位）和将该转换的前级步变为不活动步（用 RST 复位 M0.0），这种编程方法与转换实现的基本规则之间有着严格的对应关系，用它编制复杂的顺序功能图的梯形图时，更能显示出它的优越性。

> **小提示**
>
> 以转换为中心的单序列、选择序列、并行序列的编程方法都是一样的，都是使用置位（S）和复位（R）指令来实现的。

（三）使用顺序控制继电器（SCR）的顺序控制梯形图设计法

S7-200 CPU 含有 256 个顺序控制继电器（SCR）用于顺序控制。S7-200 包含顺序控制指令，可以模仿控制进程的步骤，对程序逻辑分段；可以将程序分成单个流程的顺序步骤，也可同时激活多个流程；可以使单个流程有条件地分成多分支单个流程，也可以使多个流程有条件地重新汇集成单个流程。从而对一个复杂的工程可以十分方便地编制控制程序。

chapter 01

chapter 02

chapter 03

chapter 04

chapter 05

chapter 06

appendix

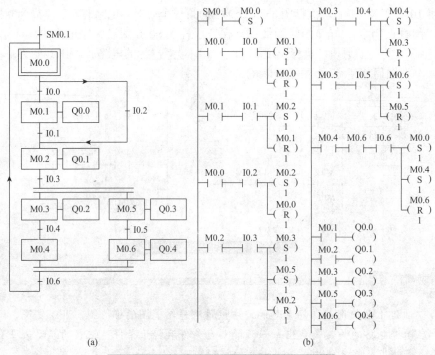

图 3-12 以转换为中心的顺序功能图与梯形图

1. 顺序继电器指令

系统提供了 3 个顺序控制指令：顺序控制开始指令（LSCR）、顺序控制转移指令（SCRT）和顺序控制结束指令（SCRE）。

段开始指令（LSCR），用来定义一个顺序控制继电器段的开始。其操作数为顺序控制继电器段的标志位 Sx. y。当 Sx. y 位为 1 时，允许该 SCR 段工作。

段结束指令（SCRE），一个 SCR 段必须用该指令来结束。

段转移指令（SCRT），该指令用来实现本段与另一段之间的切换。操作数为下一个顺序控制继电器段的标志位 Sx. y。当使能输入有效时，一方面对 Sx. y 置位，以便让下一个 SCR 段开始工作，另一方面同时对本 SCR 段的标志位复位，以便本段停止工作。

2. 使用顺序继电器指令的限制

只能使用顺序控制继电器位作为段标志位。一个顺序控制继电器段的标志位 Sx. y 在各程序块中只能使用一次。例如，如果在主程序中使用了 S10.0，就不能再在子程序、中断程序或主程序的其他地方重复使用它了。

在一个 SCR 段中不能出现跳入、跳出或段内跳转等程序结构，即在段中不能使用 JMP 和 LBL 指令。同样，在一个 SCR 段中不允许出现循环程序结构和条件结束，即禁止使用 FOR、NEXT 和 END 指令。

指令格式：   LSCR bit   （段开始指令）

             SCRT bit   （段转移指令）

             SCRE   （段结束指令）

3. 顺序结构

用以上 3 条顺序控制指令通过灵活编程，可以实现多种顺序控制程序结构，如并发顺序（包括并发开始和并发结束）、选择顺序和循环顺序等。

知识链接

每个 SCR 程序段中均包含三个要素：1）输出对象：在这一步序中应完成的动作；2）转移条件：满足转移条件后，实现 SCR 段的转移；3）转移目标：转移到下一个步序。

4. 程序实例

根据舞台灯光效果的要求，控制红、绿、黄三色灯。要求：红灯先亮，2s 后绿灯亮，再过 3s 后黄灯亮。待红、绿、黄灯全亮 3min 后，全部熄灭。程序如图 3-13 所示。

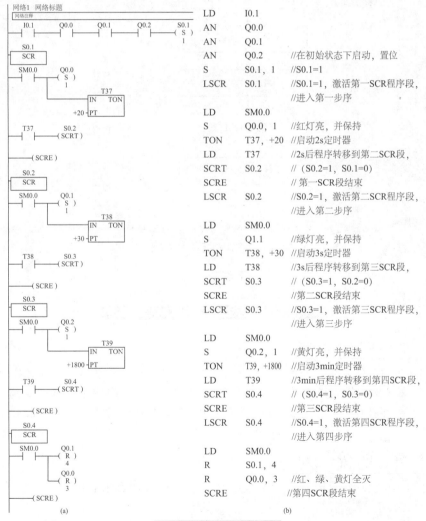

chapter 01
chapter 02
chapter 03
chapter 04
chapter 05
chapter 06
appendix

LD	I0.1	
AN	Q0.0	
AN	Q0.1	
AN	Q0.2	//在初始状态下启动，置位
S	S0.1, 1	//S0.1=1
LSCR	S0.1	//S0.1=1，激活第一SCR程序段，//进入第一步序
LD	SM0.0	
S	Q0.0, 1	//红灯亮，并保持
TON	T37, +20	//启动2s定时器
LD	T37	//2s后程序转移到第二SCR段，
SCRT	S0.2	// （S0.2=1，S0.1=0）
SCRE		// 第一SCR段结束
LSCR	S0.2	//S0.2=1，激活第二SCR程序段，//进入第二步序
LD	SM0.0	
S	Q1.1	//绿灯亮，并保持
TON	T38, +30	//启动3s定时器
LD	T38	//3s后程序转移到第三SCR段，
SCRT	S0.3	// （S0.3=1，S0.2=0）
SCRE		//第二SCR段结束
LSCR	S0.3	//S0.3=1，激活第三SCR程序段，//进入第三步序
LD	SM0.0	
S	Q0.2, 1	//黄灯亮，并保持
TON	T39, +1800	//启动3min定时器
LD	T39	//3min后程序转移到第四SCR段，
SCRT	S0.4	// （S0.4=1，S0.3=0）
SCRE		//第三SCR段结束
LSCR	S0.4	//S0.4=1，激活第四SCR程序段，//进入第四步序
LD	SM0.0	
R	S0.1, 4	
R	Q0.0, 3	//红、绿、黄灯全灭
SCRE		//第四SCR段结束

(a)　　　　　　　(b)

图 3-13 SCR 指令编程

任务实施

在知识准备中，主要介绍了 S7-200 PLC 的定时器和计数器指令等完成十字路口交通灯控制系统所需要的相关知识。接下来讲解该任务实施的方法和步骤。

一、确定控制方案

小车自动往返运动控制系统较简单，采用 PLC 单机控制即可。其控制系统流程图如图 3-14 所示。

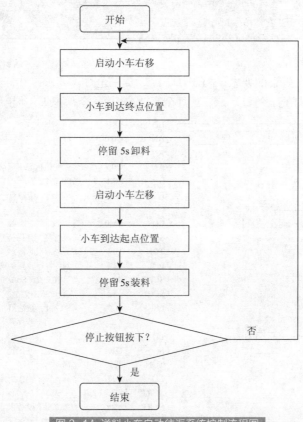

图 3-14 送料小车自动往返系统控制流程图

二、选择 PLC 类型

本任务中，只用到了 5 个数字量输入点作为送料小车自动往返的启停及限位控制，4 个数字量输出点作为送料小车的启动和装卸料控制，不需要模拟量 I/O 通道，一般的 PLC 都能够胜任。通过分析，PLC 类型选用 S7-200，CPU 类型选用 CPU224 AC/DC/继电器。

三、PLC 的 I/O 地址分配

送料小车自动往返运动控制系统的 I/O 地址分配表如表 3-1 所示。

表 3-1　输入 / 输出分配表

序号	PLC 地址	电气符号	功能
1	I0.0	SB1	启动按钮
2	I0.1	SB2	停止按钮
3	I0.2	S1	底门开关
4	I0.3	SQ1	右行程开关
5	I0.4	SQ2	左行程开关
6	Q0.0	KM1	小车右行启动
7	Q0.1	KM2	小车左行启动
8	Q0.2	YV1	小车装料
9	Q0.3	YV2	小车卸料

四、系统硬件和软件设计

（一）PLC 输入 / 输出电路

　　在控制电路中，在输入电路中设置了一个启动按钮 SB1、一个停止按钮 SB2 和两个行程开关 SQ1、SQ2，其中 SQ1 是装料位置行程开关，SQ2 是卸料位置行程开关，如图 3-15 所示。装料和卸料一般通过液压和气动装置来控制，在本系统中，电磁阀 YV1 完成装料控制，电磁阀 YV2 完成卸料控制。系统输出需控制两个接触器 KM1 和 KM2 的线圈以及两个电磁阀 YV1 和 YV2 的线圈。断路器 QF1 对控制电路起过载和短路保护作用；隔离变压器 T1 将 AC380V 转变为两组 AC220V，分别供给 PLC 和外围电路，以提高整个控制系统的可靠性。

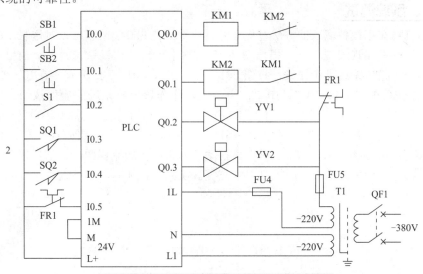

图 3-15　送料小车自动往返系统输入 / 输出电路

（二）程序设计

首先画出送料小车自动往返系统的顺序功能图，如图 3-16 所示。

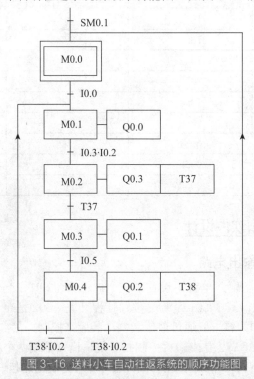

图 3-16 送料小车自动往返系统的顺序功能图

根据顺序功能图，应用以转换为中心的梯形图设计法，所得梯形图如图 3-17 所示。

五、系统调试

本任务采用模拟调试的方法对程序进行检查。在 PLC 实验室可以对送料小车自动往返控制系统实现模拟调试，根据图 3-15 送料小车自动往返系统输入／输出电路，对送料小车模拟系统进行接线，按钮 SB1、SB2、S1、SQ1、SQ2 分别接在 S7-200 PLC 的输入点 I0.0、I0.1、I0.2、I0.3、I0.4 上，作为该控制系统的启停按钮、底门开关及行程开关，LED 灯 L0、L1、L2、L3 分别接在 PLC 的输出点 Q0.0、Q0.1、Q0.2、Q0.3 上，作为送料小车左行、右行、装料、卸料的显示指示灯，比如若小车正在装料，则 L2 就会点亮。结合图 3-14 送料小车自动往返系统控制流程图，按下按钮 SB1 等，观察送料小车指示灯是否按照控制要求点亮。实验调试证明，所编程序可以满足控制要求。

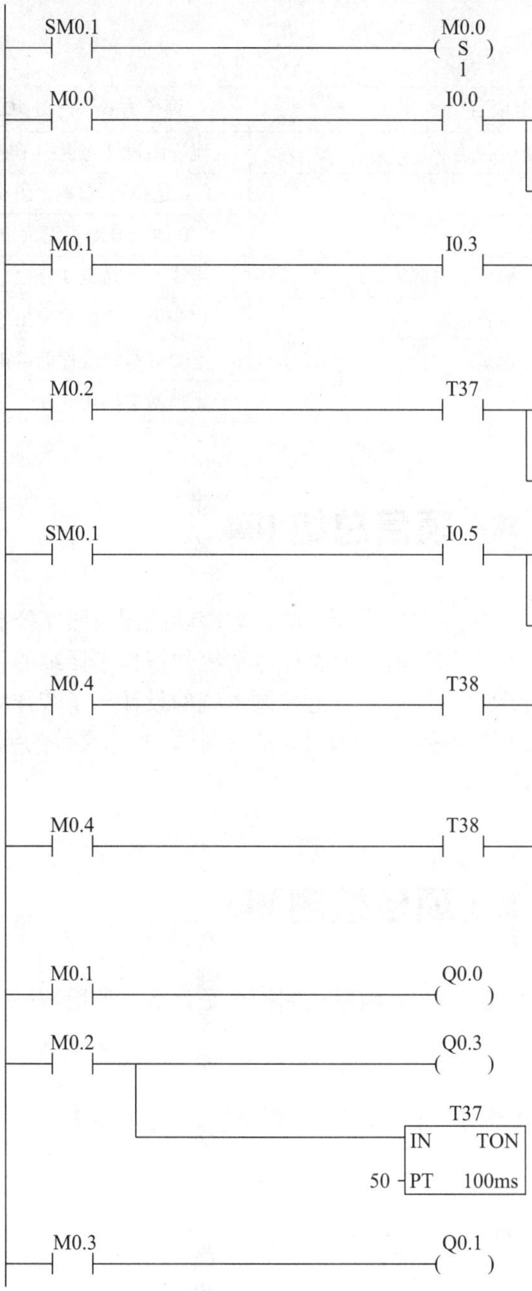

图 3-17 送料小车自动往返系统的梯形图

六、整理技术文件

调试完系统后，要整理、编写相关的技术文档，主要包括电气原理图（包括主电路、控制电路和输入／输出电路）及设计说明（包括设备选型等），I/O 地址分配表、电路控制流程图，带注释的原程序和软件设计说明，调试记录，系统使用说明书。最后形成正确的、与系统最终交付使用时相对应的一整套完整的技术文档。

任务评价

序号	检查项目	评价方式（总分100分）
1	系统控制流程图设计是否正确	流程图设计有误扣 10 分
2	PLC 类型选择是否合理	PLC 选择不合理扣 10 分
3	I/O 地址分配是否正确	I/O 地址分配不正确记 0 分
4	接线是否正确（输入、输出、电源）	接线不正确记 0 分
5	顺序功能图及程序设计是否正确	程序无法调通酌情扣分
6	能否正确的对系统进行调试	不会对系统进行调试扣 20 分
7	是否编写了技术文档	无技术文档扣 5 分

▰▰ 项目总结 ▰▰

　　本项目对 S7-200 系列 PLC 的顺序控制设计法、顺序功能图及顺序控制梯形图的启保停电路、以转换为中心及使用 SCR 指令的设计方法等知识作了详细的讲解。并对使用顺序功能图设计法来设计送料小车自动往返控制系统的设计作了较详细的介绍，包括控制方案的确定，设备的选择，主电路的设计，系统调试，技术文件的编写整理等，为以后从事相应的工作打下基础。

▰▰ 项目检测 ▰▰

　　1. 什么是顺序控制？西门子 S7-200 顺序控制指令是什么？使用顺序控制指令的注意事项是什么。

　　2. 简述划分步的原则。

　　3. 顺序功能图中"步""路径"和"转换"之间的关系式什么？

　　4. 简述顺序功能图的结构。

　　5. 画出图 3-18 所示波形对应的顺序功能图。

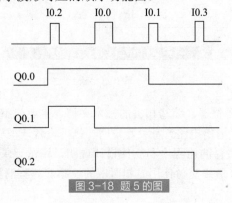

图 3-18 题 5 的图

6. 设计图 3-19 所示顺序功能图的梯形图程序。

7. 设计图 3-20 所示顺序功能图的梯形图程序。

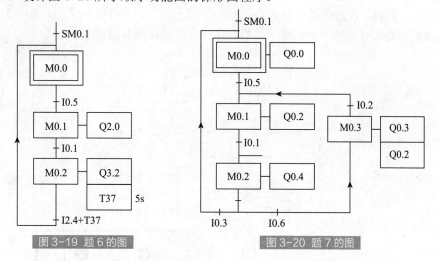

图 3-19 题 6 的图　　　　　　　　　图 3-20 题 7 的图

8. 图 3-21 中的两条运输带顺序相连，按下启动按钮 I0.0，Q0.0 变为 ON，2 号运输带开始运行，10s 后 Q0.1 变为 ON，1 号运输带自动启动。按下停止按钮 I0.1，停机顺序与启动顺序刚好相反，间隔时间为 8s。画出顺序功能图，设计其梯形图程序。

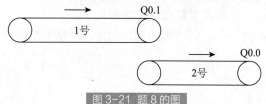

图 3-21 题 8 的图

9. 如图 3-22 所示液体混合装置示意图，适合如饮料的生产、酒厂的配液、农药厂的配比等。L1、L2、L3 分别为高液位、中液位、低液位液面传感器，液面淹没时接通，两种液体的输入和混合液体放液阀门分别由电磁阀 YV1、YV2 和 YV3 控制，M 为搅匀电动机。

（1）初始状态　当装置投入运行时，液体 A、液体 B 阀门关闭（YV1=YV2=OFF），放液阀门打开 20s 将容器放空后关闭。

（2）启动操作　按下启动按钮 SB1，液体混合装置开始按下列给定顺序操作：

1）YV1=ON，液体 A 流入容器，液面上升；当液面达到 L2 处时，L2=ON，使 YV1=OFF，YV2=ON，即关闭液体 A 阀门，打开液体 B 阀门，停止液体 A 流入，液体 B 开始流入，液面上升。

2）当液面达到 L1 处时，L1=ON，使 YV2=OFF，电动机 M=ON，即关闭液体 B 阀门，液体停止流入，开始搅拌。

3）搅匀电动机工作 30s 后，停止搅拌（M=OFF），放液阀门打开（YV3=ON），开始放液，液面开始下降。

4）当液面下降到 L3 处时，L3 由 ON 变到 OFF，再过 5s，容器放空，使放液阀门 YV3 关闭，开始下一个循环周期。

chapter 01
chapter 02
chapter 03
chapter 04
chapter 05
chapter 06
appendix

（3）停止操作　在工作过程中，按下停车按钮 SB2，搅拌器并不立即停止工作，而要将当前容器内的混合工作处理完毕后（当前周期循环到底），才能停止操作，即停在初始位置上，否则会造成浪费。

按上述要求画出顺序功能图，使用启保停电路设计梯形图程序。

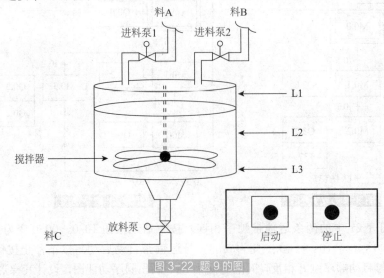

图 3-22　题 9 的图

10．设计图 3-23 所示顺序功能图的梯形图程序。

11．使用 SCR 指令设计图 3-24 所示顺序功能图的梯形图程序。

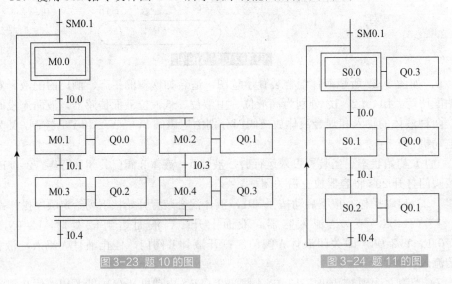

图 3-23　题 10 的图

图 3-24　题 11 的图

项目四

PLC 的功能指令

项目导读

　　机械手是自动化生产线上的重要装置，电动机转速的测量广泛应用于各种工业企业机械设备中，如何实现对它们的控制尤为重要。本项目正是在学习了 PLC 程序设计的基础上，进一步学习 PLC 的功能指令，应用这些指令来实现对机械手和电动机转速测量控制系统的设计。本项目详细介绍了 PLC 的程序控制指令、移位指令、数据处理指令、数学运算指令、数据转换指令、PID 回路控制指令等，为学习 PLC 的复杂编程打下基础。

项目要点

　　本项目主要带领大家学习可编程控制器系统的功能指令，主要包括以下几点：
- 1. S7-200 的程序控制类指令
- 2. S7-200 移位和循环移位指令
- 3. S7-200 的数据处理指令
- 4. S7-200 的表功能指令
- 5. S7-200 的比较指令
- 6. S7-200 的子程序及调用
- 7. 中断指令
- 8. 高速脉冲输出指令
- 9. S7-200 的数学运算类指令
- 10. S7-200 的数据转换类指令
- 11. S7-200 的高速计数器指令
- 12. S7-200 的 PID 回路控制指令

任务一：设计与实现机加工车间
机械手控制系统

任务引入

机械工业是国民的装备部，是为国民经济提供装备和为人民生活提供耐用消费品的产业。新世纪，生产水平及科学技术的不断进步与发展带动了整个机械工业的快速发展。现代工业中，生产过程的机械化、自动化已成为突出的主题。目前，在自动化机床和综合加工自动生产线上几乎都设有机械手，以减少人力和更准确地控制生产的节拍，便于有节奏地进行生产。那么如何实现机械手的夹紧、松开、上升、下降等运动，使它来完成一定的任务呢，希望你通过可编程控制器来实现。

任务分析

设计机加工车间某机械手的控制系统。对电路的要求：按启动按钮后，传送带 A 运行，直到光电开关 PS 检测到物体停止；同时机械手下降，下降到位后机械手夹紧物体，2s 后开始上升，而机械手保持夹紧；上升到位后左转，左转到位后下降，下降到位后机械手松开。2s 后机械手上升，上升到位后，传送带 B 开始运行，同时机械手右转，右转到位，传送带 B 停止。此时传送带 A 运行直到光电开关 PS 再次检测到物体，才停止……如此循环。机械手工作示意图如图 4-1 所示。

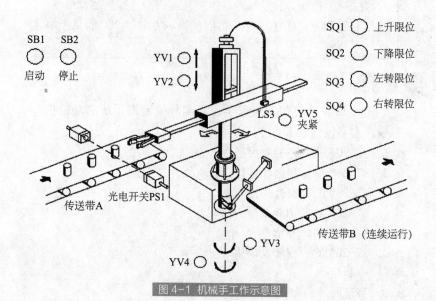

图 4-1 机械手工作示意图

该任务主要包括控制部分 PLC、机械手传送带、光电开关、限位开关以及机械手的启动和停止的按钮等。

在完成该任务的控制系统设计之前，先学习 PLC 的相关知识，下面就德国西门子 S7-200 PLC 与本任务相关的理论知识进行详解。

一、S7-200 的程序控制类指令

（一）条件结束指令与停止指令

条件结束指令（END）根据前面的逻辑关系终止当前的扫描周期，只能在主程序中使用，不能在子程序或中断服务程序中使用。

停止指令（STOP）使 PLC 从运行模式（RUN）进入停止模式（STOP），从而立即终止程序的执行。STOP 指令可以用在主程序、子程序和中断程序中。如果在中断程序中执行停止指令，中断程序立即终止，并忽略全部等待执行的中断程序，继续扫描主程序的剩余部分，并在当前扫描周期的最后阶段，完成从 RUN 到 STOP 模式的转变。

指令的梯形图和指令表格式如图 4-2 所示。

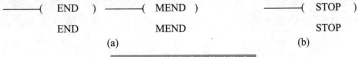

图 4-2　结束指令和停止指令

知识链接

STEP 7Micro/WIN 软件自动在主程序中增加无条件结束指令。

（二）看门狗复位指令

看门狗（Watchdog）又称为"系统监控定时器"，其作用是防止程序无限制的运行，造成死循环。S7-200 中，看门狗的定时时间为 500ms，每个扫描周期它都被自动复位一次，因此若用户程序正常工作时扫描周期小于 500ms，它不起作用；若扫描周期大于 500ms 或者程序异常（陷入死循环），看门狗就会停止执行用户程序。看门狗不对造成的扫描周期大于 500ms 的原因进行区分。因此，若程序正常工作时的扫描周期大于 500ms，或者在中断事件发生时有可能使程序的扫描周期超过 500ms，应该使用看门狗复位指令（WDR）来重新触发看门狗定时器。这样可以在不引起看门狗错误的情况下，增加扫描所允许的时间。

图 4-3 为停止、看门狗复位、条件结束指令使用举例。

图 4-3　STOP、WDR、END 指令使用举例

（1）使用 WDR 指令时要小心，如果扫描时间过长，在终止本次扫描之前，下列操作将被禁止：

①通信（自由端口模式除外）。

②I/O 更新（立即 I/O 除外）。

③强制更新。

④SM 位更新（不能更新 SM0 和 SM5~SM29）。

⑤运行时间诊断。

⑥扫描时间超过 24s 时，使 10ms 和 100ms 定时器不能正确计时。

⑦在中断程序中的 STOP 指令。

（2）带数字量输出的扩展模块也有一个监控定时器，每次使用 WDR 指令时，应对每个扩展模块的第一个输出字节使用立即写（BIW）指令来复位每个扩展模块的监控定时器。

（三）跳转与标号指令

跳转指令可以大大提高 PLC 编程的灵活性，使主机可根据不同条件的判断来选择不同的程序段执行程序。

跳转指令（JMP）是指当条件满足时，可使程序跳转到同一程序中 N 所指定的相应标号处。

标号指令（LBL），标记跳转目的地的位置（N），由 N 来标记与哪个 JMP 指令对应。

指令操作数 N 为常数 0 ～ 255。

跳转与标号指令的梯形图和指令表格式如图 4-4 所示。

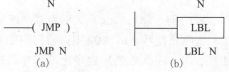

图 4-4 跳转与标号指令

（1）跳转指令和标号指令必须配合使用，而且只能用在同一程序块中，如主程序、同一个子程序或同一个中断程序。不能在不同的程序块间互相跳转。

（2）执行跳转指令后，被跳过程序段中的各元器件的状态各有不同：其中，Q、M、S、C 等元器件的位保持跳转前的状态；计数器 C 停止计数，当前值存储器保持跳转前的计数值；对定时器来说，因刷新方式不同而工作状态不同。在跳转期间，分辨率为 1ms 和 10ms 的定时器会一直保持跳转前的工作状态，原来工作的继续工作，到设定值后其位的状态也会改变，输出触点动作，其当前值存储器一直累计到最大值 32767 才停止。对分辨率为 100ms 的定时器来说，跳转期间停止工作，但不会复位，存储器里的值为跳转时的值，跳转结束后，若输入条件允许，可继续计时，但已失去了准确计时的意义。所以在跳转程序段里的定时器要慎用。

图 4-5 为跳转及标号指令应用举例。当 JMP 条件满足（即 I0.0 接通）时程序跳转，执行 LBL 标号以后的指令（见图 4-5 中实线箭头所示），而在 JMP 和 LBL 之间的指令概不执行，在这个过程中即使 I0.1 接通 Q0.1 也不会得电。当 JMP 条件不满足时，I0.1 接通 Q0.1 会得电（见图 4-5 中虚线箭头所示）。

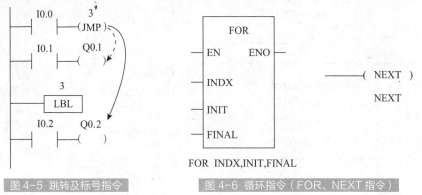

图 4-5 跳转及标号指令   图 4-6 循环指令（FOR、NEXT 指令）

（四）循环指令

当需要重复执行相同功能的程序段时，可采用"循环程序结构"。循环指令有两条：循环开始指令（FOR）和循环结束指令（NEXT）。

循环开始指令，用来标记循环体的开始。

循环结束指令，用来标记循环体的结束。无操作数。

FOR 和 NEXT 之间的程序段称为循环体。每执行一次循环体，当前计数值增 1，并且将其结果同终值进行比较，若大于终值，则终止循环。

这两条指令的梯形图和指令表格式如图 4-6 所示。

FOR 指令中，INDX 用于指定当前循环计数器，记录循环次数，INIT 指定循环次数的初值，FINAL 指定循环次数的终值。当使能输入有效时，开始执行循环体，当前循环计数器从 INIT 指定的初值开始，每执行 1 次循环体，当前循环计数器值增加 1，并且将结果同终值进行比较，如果大于终值，循环结束。

（1）循环开始指令 FOR 和循环结束指令 NEXT 必须成对使用。

（2）循环指令可以嵌套，嵌套最多为 8 层，但各个循环指令之间不能交叉。

（3）每次使能输入有效时，指令自动复位各参数，同时将 INIT 指定的初值放入当前循环计数器中，使循环指令可以重新执行。

（4）当初值大于终值时，循环指令不被执行。

（5）在使用时必须给 FOR 指令指定当前循环计数（INDX）、初值（INIT）和终值（FINAL）。

如图 4-7 所示，I2.0 接通阶段执行 100 次外循环（图中标有 1 的回路），I2.0 和 I2.1 同时接通时，外循环每执行 1 次，内循环执行 2 次。

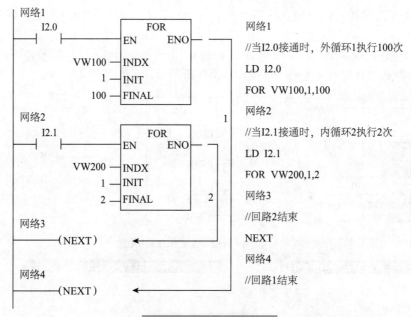

图 4-7 循环指令使用举例

二、S7-200 移位和循环移位指令

移位指令的功能是将二进制数按位向左或向右移动,可分为左移、右移、循环左移、循环右移和移位寄存器指令。此类指令在一个数字量输出点对应多个相对固定状态的情况下有广泛的应用。

(一)左移位指令

左移位指令,当 EN 端口执行条件存在时,把输入端(IN)指定的数据左移 N 位,并把结果存入 OUT 指定的存储器单元中。左移位指令按操作数的数据长度可分为字节、字、双字左移位指令,指令的梯形图和指令表格式如图 4-8 所示。

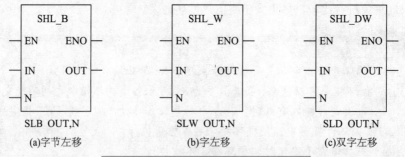

图 4-8 左移位指令的梯形图和指令表格式

(二)右移位指令

右移位指令,当 EN 端口执行条件存在时,把输入端(IN)指定的数据右移 N 位,并把结果存入 OUT 指定的存储器单元中。右移位指令按操作数的数据长度可分为字节、字、双字右移位指令,指令的梯形图和指令表格式如图 4-9 所示。

图 4-9 右移位指令的梯形图和指令表格式

 知识链接

（1）左移位指令和右移位指令的操作数为无符号数。

（2）数据存储单元的移出端与 SM1.1（溢出）端相连，移出位存入 SM1.1 存储单元，SM1.1 存储单元中为最后一次移出的位值，数据存储单元的另一端自动补 0。

（3）移位次数 N 和移位数据长度有关，若 N 小于实际的数据长度，则执行 N 次移位；若 N 大于实际的数据长度，字节、字、双字移位指令的实际最大可移位数分别为 8、16、32。

（三）循环右移指令

循环右移指令，当 EN 端口执行条件存在时，把输入端（IN）指定的数据循环右移 N 位，并把结果存入 OUT 指定的存储器单元中。循环右移指令按操作数的数据长度可分为字节、字、双字循环右移指令，指令的梯形图和指令表格式如图 4-10 所示。

图 4-10 循环右移指令的梯形图和指令表格式

（四）循环左移指令

循环左移指令，当 EN 端口执行条件存在时，把输入端（IN）指定的数据循环左移 N 位，并把结果存入 OUT 指定的存储器单元中。循环左移指令按操作数的数据长度可分为字节、字、双字循环左移指令，指令的梯形图和指令表格式如图 4-11 所示。

(a) 字节循环左移　　　　(b) 字循环左移　　　　(c) 双字循环左移

图 4-11　循环左移指令的梯形图和指令表格式

知识链接

（1）循环右移指令和循环左移指令的操作数为无符号数。

（2）数据存储单元的移出端与另一端相连，因此最后移出的位被移到了另一端；同时又与 SM1.1（溢出）端相连，因此移出位也存入到了 SM1.1 存储单元中，SM1.1 存储单元中始终为最后一次移出的位值。

（3）移位次数 N 和移位数据长度有关，若 N 小于实际的数据长度，则执行 N 次移位；若 N 大于实际的数据长度，字节、字、双字移位指令的实际移位次数分别为 N 除以 8、16、32 的余数。

左、右移位指令和循环左、右移指令对标志位的影响：SM1.0（零）、SM1.1（溢出）。移位后溢出位（SM1.1）的值等于最后一次移出的位值；若移位的结果是 0，则零存储器位（SM1.0）置位。

左移位指令和循环右移指令的应用如图 4-12 所示。

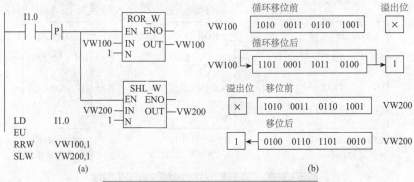

图 4-12　左移位指令和循环右移指令的应用

（五）移位寄存器指令

移位寄存器指令（SHRB）是一条可指定移位长度的移位指令，可用来进行顺序控制、步进控制、物流及数据流控制。其梯形图及语句表格式如图 4-13 所示。

SHRB 指令是指当使能输入有效时，把输入端（DATA）的数值移入移位寄存器，并进行移位。该移位寄存器是由 S_BIT 和 N 决定的，其中，S_BIT 指定移位寄存器的最低位，N 指定移位

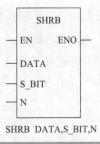

图 4-13　移位寄存器指令的梯形图和指令表格式

寄存器的长度。移位方向分为正向移位和反向移位，其中正向移位时 N 为正数，即输入数据从移位寄存器的最低有效位移入，从最高有效位移出；反向移位时 N 为负数，即输入数据从移位寄存器的最高有效位移入，从最低有效位移出。

移位寄存器存储单元的移出端与 SM1.1（溢出）位相连，最后被移出的位存放在 SM1.1 存储单元中，移位寄存器的最高有效位（MSB.b）的计算方法：由移位寄存器的最低有效位（S_BIT）和移位寄存器的长度（N）来计算移位寄存器的最高有效位（MSB.b）的地址。计算公式：

MSB.b=[S_BIT 的字节号 +（ N 的绝对值 −1+S_BIT 的位号）÷8].［被 8 除所得余数 ］

例如，若 S_BIT 是 V33.4，N 是 14，则 MSB.b 是 V35.1。具体计算如下：

MSB.b=[33+(14−1+4)÷8].（余数）=[33+17÷8].（余数）=[33+2].（余数为 1)=V35.1

> **小提示**
>
> （1）每次使能端输入信号有效时，在每个扫描周期内，移位寄存器移动一位，因此应该用跳变指令来控制使能端的状态。
>
> （2）DATA 和 S_BIT 为 BOOL 型，N 为字节型。

图 4-14 为移位寄存器指令应用举例。

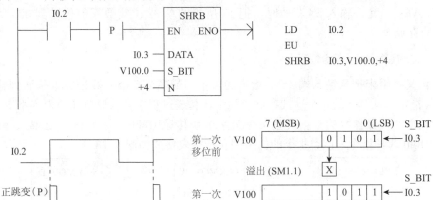

图 4-14 移位寄存器指令应用举例

三、S7-200 的数据处理指令

该类指令涉及对数据的非数值运算，包括数据的传送指令、交换指令等。

（一）传送指令

1. 单个数据传送指令

含义：是指把输入端（IN）指定的数据传送到输出端（OUT），且每次只传送 1 个数据，传送过程中数据值保持不变。

类型：按操作数的数据类型可分为字节传送（MOVB）、字传送（MOVW）、双字传送（MOVD）、实数传送（MOVR）4种指令。该类指令的梯形图和指令表格式如图4-15所示。

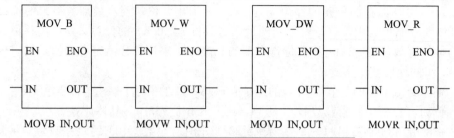

图4-15 单个数据传送指令的梯形图和指令表格式

指令功能：

MOVB：当允许输入EN有效时，把IN所指的单字节原值传送到OUT所指字节存储单元。

MOVW：当允许输入EN有效时，把IN所指的单字原值传送到OUT所指字存储单元。

MOVD：当允许输入EN有效时，把IN所指的双字原值传送到OUT所指双字存储单元。

MOVR：当允许输入EN有效时，把IN所指的单32位实数原值传送到OUT所指双字长的存储单元。

2. 数据块传送指令

含义：用来把从输入端（IN）指定的N个（最多255个）数据成组传送到输出端（OUT）指定地址开始的N个连续存储单元中，传送过程中各存储单元的内容不变。

类型：按操作数的数据类型可分为字节块传送（BMB）、字块传送（BMW）、双字块传送（BMD）3种指令。该类指令的梯形图和指令表格式如图4-16所示。

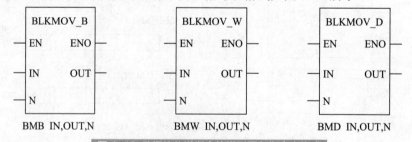

图4-16 数据块传送指令的梯形图和指令表格式

指令功能：

BMB：当允许输入EN有效时，把从输入IN开始的N个字节型数据传送到从输出OUT开始的N个字节型存储单元。

BMW：当允许输入EN有效时，把从输入IN开始的N个字型数据传送到从输出OUT开始的N个字型存储单元。

BMD：当允许输入EN有效时，把从输入IN开始的N个双字型数据传送到从输出OUT开始的N个双字型存储单元。

（二）交换字节指令（SWAP）

SWAP 指令用来把输入字型数据（IN）的高字节内容与低字节内容互相交换，交换结果仍存放在输入端（IN）指定的地址中。指令的梯形图和指令表格式如图 4-17 所示。

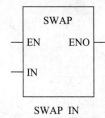

图 4-17 交换字节指令的梯形图和指令表格式

 chapter 01
 chapter 02
 chapter 03
 chapter 04
 chapter 05
 chapter 06
 appendix

 小提示

交换字节指令操作数的数据类型为无符号整数型（WORD）。

（三）传送字节立即读、写指令

传送字节立即读（BIR）指令，当允许输入 EN 有效时，可立即读取输入端（IN）指定字节地址的物理输入点（IB）的值，并传送到输出端（OUT）指定字节地址的存储单元中。

传送字节立即写（BIW）指令，当允许输入 EN 有效时，可立即将由输入端（IN）指定的字节数据写入输出端（OUT）指定字节地址的物理输出点（QB）。

传送字节立即读、写指令如图 4-18 所示。

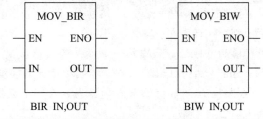

图 4-18 传送字节立即读、写指令的梯形图和指令表格式

 小提示

传送字节立即读、写指令操作数的数据类型为字节型（BYTE）。

四、S7-200 的表功能指令

（一）概述

在 S7-200 中，表功能指令是数据管理指令。使用它可建立一个不大于 100 个字的数据表，依次向数据区填入或取出数据，也可在数据区查找符合设置条件的数据。表功能指令包括填表指令、查表指令、先进先出指令、后进先出指令及填充指令。

数据在表格中的存储形式如表 4-1 所示。

表 4-1 表中数据的存储格式

存储单元地址	存储单元中的数据	说　明
VW100	0005	VW100 为表格的首地址，TL=5 为该表格的最大填表数
VW102	0003	数据 EC=0003（EC ≤ 100）为该表中的实际填表数
VW104	3457	数据 0
VW106	2356	数据 1
VW108	8743	数据 2
VW110	****	无效数据

（二）填表指令（ATT）

填表指令是指当 EN 端口执行条件存在时，把 DATA 端的数据添加到 TBL 指定的数据表中。指令的梯形图和指令表格式如图 4-19 所示。

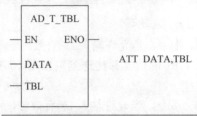

图 4-19 填表指令的梯形图和指令表格式

 知识链接

（1）指令中的 DATA 和 TBL 为字型数据。

（2）TBL 指明表格的首地址，表中第一个数是最大填表数（TL），第二个数是实际填表数（EC）；DATA 端为数据输入端，指明被填表的字型数据或地址。

（3）填表时，把 DATA 端的数据添加到数据表最后一个数据的后面，且实际填表数 EC 值自动加 1。

（4）填表指令影响的特殊存储器位为 SM1.4（表溢出）。

（三）查表指令（FND）

查表指令是指当 EN 端口执行条件存在时，从 INDX 开始搜索表 TBL，查找符合条件 PTN 和 CMD 的数据。指令的梯形图和指令表格式如图 4-20 所示。

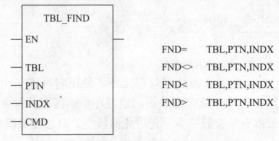

图 4-20 查表指令的梯形图和指令表格式

知识链接

（1）查表指令中，TBL、PTN、INDX 为字型数据，CMD 为字节型数据。

（2）TBL 指明表格的首地址；PTN 设置要查找的具体数据；CMD 设置查找条件，它是一个 1 ~ 4 的数值，分别表示 =、<>、<、>；INDX 用来存放表中符合查找条件的数据的地址。

（3）查表指令 FND 是从 INDX 开始搜索表 TBL，查表前，INDX 的内容应清零。当 EN 端口执行条件存在时，从 INDX 开始查找符合条件的数据，若没有发现符合条件的数据，则 INDX 的值等于 EC；若找到一个符合条件的数据，则将该数据在表中的地址存放到 INDX 中。找到一个符合条件的数据后，若想继续查找下一个符合条件的数据，在激活查表指令前，必须先对 INDX 加 1。

（四）先进先出指令（FIFO）

先进先出指令是指当 EN 端口执行条件存在时，将表中的字型数据按照"先进先出"的方式取出，并将该数据输出到 DATA 指定的存储单元中，表中剩余数据依次上移一个位置，每取一个数实际填表数 EC 值自动减 1。指令的梯形图和指令表格式如图 4-21 所示。

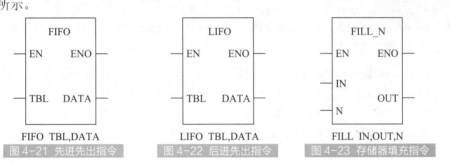

图 4-21 先进先出指令　　图 4-22 后进先出指令　　图 4-23 存储器填充指令

（五）后进先出指令（LIFO）

后进先出指令是指当 EN 端口执行条件存在时，将表中的字型数据按照"后进先出"的方式取出，并将该数据输出到 DATA 指定的存储单元中，表中剩余数据的位置保持不变，每取一个数实际填表数 EC 值自动减 1。指令的梯形图和指令表格式如图 4-22 所示。

小提示

FIFO 和 LIFO 指令影响特殊存储器位 SM1.5（表空）。

（六）存储器填充指令（FILL）

存储器填充指令是指用输入值（IN）填充从输出单元（OUT）开始的 N 个字的内容，N 为 1 ~ 255。指令的梯形图和指令表格式如图 4-23 所示。

五、S7-200 的比较指令

比较指令是一种用于比较两个符号数或无符号数的指令。

在梯形图中，以带参数和运算符号的触点的形式编程，当这两数比较式的结果为真时，该触点闭合。

在功能框图中，以指令盒的形式编程，当比较式结果为真时，输出接通。

在语句表中，使用 LD 指令进行编程时，当比较式为结果真时，主机将栈顶置 1。使用 A/O 指令进行编程时，当比较式结果为真时，在栈顶执行 A/O 操作，并将结果放入栈顶。

比较指令的类型有字节比较、整数比较、双字整数比较和实数比较。

比较运算符有 =、>=、<=、>、< 和 <>（<> 表示不等于）。

（一）字节比较

字节比较用于比较两个字节型整数 IN1 和 IN2 的大小，字节比较是无符号的。比较式可以由 LDB、AB 或 OB 后直接加比较运算符构成。如：LDB=、AB<>、OB>= 等。

指令格式举例：LDB=   VB10,   VB12

                AB<>   MB0,   MB1

                OB>=   AC1,   116

> **小提示**
>
> 字节型整数 IN1 和 IN2 的寻址范围：VB、IB、QB、MB、SB、SMB、LB、*VD、*AC、*LD 和常数。

（二）整数比较

整数比较用于比较两个一字长整数 IN1 和 IN2 的大小，整数比较是有符号的（整数范围为 16#8000 和 16#7FFF 之间）。比较式可以由 LDW、AW 或 OW 后直接加比较运算符构成。如：LDW=、AW<>、OW>= 等。

指令格式举例：LDW=   VW10,   VW12

                AW<>   MW0,   MW4

                OW>=   AC2,   1160

> **小提示**
>
> 一字长整数 IN1 和 IN2 的寻址范围：VW、IW、QW、MW、SW、SMW、LW、AIW、T、C、AC、*VD、*AC、*LD 和常数。

（三）双字整数比较

双字整数比较用于比较两个双字长整数 IN1 和 IN2 的大小，双字整数比较是有符号的（双字整数范围为 16#80000000 和 16#7FFFFFFF 之间）。比较式可以由 LDD、AD 或 OD 后直接加比较运算符构成。如：LDD=、AD<>、OD>= 等。

指令格式举例：LDD=   VD10,   VD14

                AD<>   MD0,   MD8

                OD>=   AC0,   1160000

小提示

　　双字整数 IN1 和 IN2 的寻址范围：VD、ID、QD、MD、SD、SMD、LD、HC、AC、*VD、*AC、*LD 和常数。

（四）实数比较

　　实数比较用于比较两个双字长实数 IN1 和 IN2 的大小，实数比较是有符号的（负实数范围为 $-1.175495E-38 \sim -3.402823E+38$，正实数范围为 $+1.175495E-38 \sim +3.402823E+38$）。比较式可以由 LDR、AR 或 OR 后直接加比较运算符构成。如：LDR=、AR<>、OR>= 等。

　　指令格式举例：LDR=　　VD10，　　VD18

　　　　　　　　　AR<>　　MD0，　　MD12

　　　　　　　　　OR>=　　AC1，　　1160.478

小提示

　　双字长实数 IN1 和 IN2 的寻址范围：VD、ID、QD、MD、SD、SMD、LD、AC、*VD、*AC、*LD 和常数。

（五）应用举例

　　一自动仓库存放某种货物，最多 6000 箱，需对所存的货物进出计数。若货物多于 1000 箱，则灯 L1 亮；若货物多于 5000 箱，则灯 L2 亮。其中，L1 和 L2 分别受 Q0.0 和 Q0.1 控制，数值 1000 和 5000 分别存储在 VW20 和 VW30 字存储单元中。

　　本控制系统的程序如图 4-24 所示。程序执行时序如图 4-25 所示。

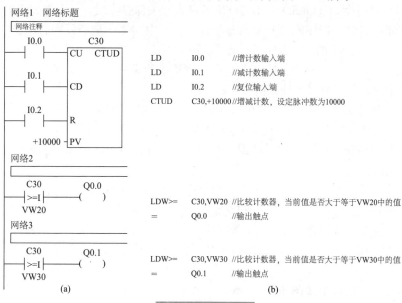

图 4-24 程序举例

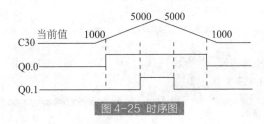

图 4-25 时序图

六、S7-200 的子程序及调用

在程序设计中，可以把功能独立的且需要多次使用的程序段单独编写，设计成"子程序"的形式，供主程序调用。要使用子程序，首先要建立子程序，然后才能调用子程序。

（一）建立子程序

建立子程序是通过编程软件来完成的。可用通过编程软件"编辑"菜单中"插入"子菜单下的"子程序"命令，来建立一个新的子程序。默认的子程序名为 SBR-N，编号 N 从 0 开始按顺序递增，范围为 0 ~ 63，也可以通过重命名命令为子程序改名。

（二）子程序调用指令（CALL）、子程序返回指令（CRET）

指令梯形图与指令表格式如图 4-26 所示。

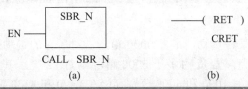

图 4-26 子程序调用（CALL）、子程序返回（CRET）指令

子程序调用指令（CALL）是指当 EN 端口执行条件存在时，主程序把程序控制权交给子程序，转到子程序入口开始执行子程序。其中 SBR-N 是子程序名，表示子程序入口地址。子程序调用可以带参数，也可以不带参数。

有条件子程序返回指令（CRET）是指当逻辑条件成立时，结束子程序的执行，返回主程序中的子程序调用处继续向下执行。

每个子程序必须以无条件返回指令 RET 作为结束，编程软件 STEP-Micro/WIN32 为每个子程序自动加入无条件返回指令，不需要编程人员手工输入该指令。

在中断程序和子程序中也可调用子程序，子程序的嵌套深度最多为 8 层，在子程序中不能调用自己。

当一个子程序被调用时，系统会自动保存当前的堆栈数据，保存后再把栈顶值置 1，堆栈中的其他值置为 0，把控制权交给被调用的子程序。子程序执行结束，通过返回指令自动恢复原来的逻辑堆栈值，调用程序又重新取得控制权。累加器可在调用程序和被调用子程序之间自由传递数据，因此累加器的值在子程序调用过程中既不被保存也不能恢复。

子程序指令的应用如图 4-27 所示。

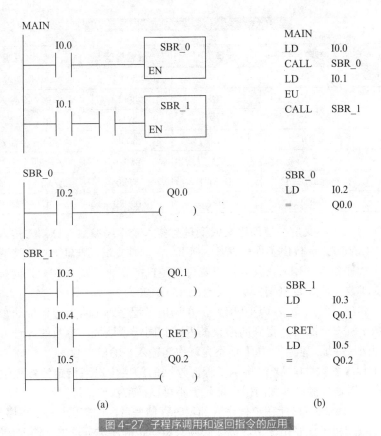

(a)　　　　　　　　　　　　　(b)

图 4-27 子程序调用和返回指令的应用

（三）带参数和子程序调用

在调用子程序的过程中，允许带参数调用，带参数调用时，增加了程序的灵活性。带参数调用的子程序指令如图 4-28 所示。

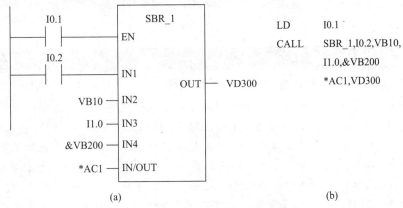

(a)　　　　　　　　　　　　　(b)

图 4-28 参数调用的子程序指令

在带参数调用子程序时，最多可以带 16 个参数。参数在子程序的局部变量表中定义，如表 4-2 所示。参数通过地址、参数名称（最多 8 个字符）、变量类型和数据类型来描述。

表 4-2 子程序带参数调用时的局部变量表

L 地址	参数名称	变量类型	数据类型	说明
	EN	IN	BOOL	使能输入
L0.0	IN1	IN	BOOL	第一个输入参数
LB1	IN2	IN	BYTE	第二个输入参数
L2.0	IN3	IN	BOOL	第三个输入参数
LD3	IN4	IN	DWORD	第四个输入参数
LW7	IN/OUT1	IN/OUT	WORD	第一个输入 / 输出参数
LD9	OUT1	OUT	DWORD	第一个输出参数

局部变量表中，变量类型列定义的变量有传入子程序参数（IN）、传入 / 传出子程序参数（IN/OUT）、传出子程序参数（OUT）、暂时变量（TEMP）4 种类型。

传入子程序参数（IN），其寻址方式可以是直接寻址（如 VB10）、间接寻址（如 *AC1）、立即数寻址（如 16#1234）或地址（&VB100）。

传入 / 传出子程序参数（IN/OUT），在调用子程序时，将指定地址的参数值传入子程序，从子程序返回时，得到的结果被返回到同一个地址。参数的寻址方式可以是直接寻址和间接寻址，但常数和地址不允许作为输入 / 输出参数。

传出子程序参数（OUT），将从子程序返回的结果传送到指定的参数位置，参数的寻址方式可以是直接寻址和间接寻址，但不可以是常数或地址。

暂时变量（TEMP），只能在子程序内部暂时存储变量，不能用来与主程序传递参数。

在带参数调用子程序指令中，参数必须按照一定顺序排列，先是输入参数（IN），然后是输入 / 输出参数（IN/OUT），最后是输出参数（OUT）。

在子程序中，局部变量存储器的参数值的分配方式为，按照子程序指令的调用顺序，参数值分配给局部变量存储器，起始地址是 L0.0；8 个连续位的参数值分配一个字节，从 LX.0 到 LX.7，字节、字、双字值按照字节顺序分配到局部变量存储器中（LBX，LWX，LDX）。

知识链接

子程序中参数使用规则：

（1）必须对常数作数据类型说明，否则常数会被作为不同类型使用，如把无符号双字 12345 作为参数传递时，必须用 DW#12345 来指明；

（2）在参数传递的过程中，数据类型不能自动转换，例如，局部变量表中声明一个参数为实型，而在调用时使用的是一个双字，则子程序中的值就是双字；

（3）在调用子程序时，输入参数值被复制到子程序的局部变量存储器中，当子程序执行结束时，从局部变量存储器区复制输出参数值到指定的输出参数地址；

（4）当向局部变量表中加入一个参数时，系统自动给该参数分配局部存储空间。

七、中断指令

所谓中断，是当控制系统执行正常程序时，系统中出现了急需处理的事件或者特殊请求，在 CPU 响应中断请求后，暂时中断当前程序，转去执行中断服务程序，一旦处理结束，系统自动回到原来被中断的程序继续执行。

中断主要由中断源和中断服务程序构成。而中断控制指令包括中断允许、中断禁止指令和中断连接、分离指令。

（一）中断源

1. 中断源

中断源是中断事件向 PLC 发出中断请求的信号。S7-200 系列 PLC 至多具有 34 个中断源，每个中断源都被分配了一个编号加以识别，称为中断事件号。不同的 CPU 模块，可使用的中断源有所不同，具体如表 4-3 所示。

表 4-3 不同 CPU 模块可使用的中断源

CPU 模块	CPU221、CPU222	CPU224	CPU226
可使用的中断源（中断事件）	0~12，19~23，27~33	0~23，27~33	0~33

34 个中断源大致可分为 3 大类：通信中断、I/O 中断和时基中断。

（1）通信中断　在自由口通信模式下（通信口由程序来控制），可以通过编程来设置通信的波特率、每个字符位数、起始位、停止位及奇偶校验位，可以通过接收中断请求信号和发送中断请求信号来简化程序对通信的控制。

（2）I/O 中断　I/O 中断包含了上升沿 / 下降沿中断、高速计数器中断和高速脉冲输出中断 3 种。其中，上升沿 / 下降沿中断是系统利用 I0.0 ～ I0.3 的上升沿或下降沿所产生的中断请求信号，用于连接某些一旦发生就必须引起注意的外部事件；高速计数器中断可以响应诸如当前值等于预置值、计数方向改变、计数器外部复位等事件所产生的中断请求；高速脉冲输出中断可以响应给定数量脉冲输出完毕所产生的中断请求。

（3）时基中断　时基中断包括定时中断和定时器中断两种。其中，定时中断按指定的周期循环执行，周期以 1ms 为计量单位，可以设定为 1 ～ 255ms。S7-200 系列 PLC 提供了两个定时中断，即定时中断 0 和定时中断 1，对于定时中断 0，把周期值写入 SMB34；对于定时中断 1，把周期值写入 SMB35。当定时中断允许时，相关定时器开始计时，若达到定时时间值，相关定时器溢出，开始执行定时中断所连接的中断处理程序。定时中断一旦允许就连续地运行，按指定的时间间隔反复地执行被连接的中断程序，通常可用于模拟量的采样周期或执行一个 PID 控制程序。

知识链接

　　定时器中断就是利用定时器来对一个指定的时间段产生中断，只能使用 1ms 定时器 T32 和 T96 来实现，在定时器中断被允许时，若定时器的当前值和预置值相等，则执行被连接的中断程序。

2. 中断优先级

所谓中断优先级，是指当多个中断事件同时发出中断请求时，CPU 响应中断请求的先后次序。优先级高的中断先被执行，优先级低的后被执行。SIMEMENS 公司 CPU 规定的中断优先级由高到低的顺序是：通信中断、输入／输出中断、时基中断。同类中断中的不同中断事件也有不同的优先权，如表 4-4 所示。

表 4-4 CPU226 中的中断事件及其优先级

中断事件号	中断描述	优先组	组内优先级
8	通信口 0：接收字符	通信中断（最高）	0
9	通信口 0：发送信息完成		0
23	通信口 0：接收信息完成		0
24	通信口 1：接收信息完成		1
25	通信口 1：接收字符		1
26	通信口 1：发送信息完成		1
19	PTO0 脉冲串输出完成中断	I/O 中断（中等）	0
20	PTO1 脉冲串输出完成中断		1
0	I0.0 上升沿		2
2	I0.1 上升沿		3
4	I0.2 上升沿		4
6	I0.3 上升沿		5
1	I0.0 下降沿		6
3	I0.1 下降沿		7
5	I0.2 下降沿		8
7	I0.3 下降沿		9
12	HSC0 当前值等于预置值中断		10
27	HSC0 输入方向改变中断		11
28	HSC0 外部复位中断		12
13	HSC1 当前值等于预置值中断		13
14	HSC1 输入方向改变中断		14
15	HSC1 输入方向改变中断		15
16	HSC2 当前值等于预置值中断		16
17	HSC2 输入方向改变中断		17
18	HSC2 外部复位中断		18
32	HSC3 当前值等于预置值中断		19
29	HSC4 当前值等于预置值中断		20
30	HSC4 输入方向改变中断		21
31	HSC4 外部复位中断		22
33	HSC5 当前值等于预置值中断		23

续表

中断事件号	中断描述	优先组	组内优先级
10	定时中断 0	时基中断（最低）	0
11	定时中断 1		1
21	定时器 T32 当前值等于预置值中断		2
22	定时器 T96 当前值等于预置值中断		3

在 PLC 中，CPU 按"先来先服务"的原则处理中断事件，一个中断程序一旦执行，它会一直执行到结束，不会被其他高优先级的中断事件所打断。在任一时刻，CPU 只能执行一个用户的中断程序，正在处理某中断程序时，新出现的中断事件则按照优先级排队等候处理，中断队列可保存的最大中断数是有限的，如果超出队列容量，则产生溢出，某些特殊标志存储器被置位。S7-200 系列 PLC 各 CPU 模块最大中断数及溢出标志位见表 4-5。

表 4-5 各 CPU 模块最大中断数及溢出标志位

中断队列种类	CPU221/CPU222/CPU224	CPU226/CPU226XM	中断队列溢出标志位
通信中断队列	4	8	SM4.0
I/O 中断队列	16	16	SM4.1
时基中断队列	8	8	SM4.2

（二）中断程序

中断程序是用户为处理中断事件而事先编制的程序，建立中断程序的方法为：选择编程软件中的"编辑"菜单中的"插入"子菜单下的"中断程序"选项就可以建立一个新的中断程序。默认的中断程序名（标号）为 INT_N，编号 N 的范围为 0 ～ 127，从 0 开始按顺序递增，也可以通过"重命名"选项为中断程序改名。

 知识链接

中断程序名 INT_N 标志着中断程序的入口地址，可以通过中断程序名在中断连接指令中将中断源和中断程序连接起来。在中断程序中，可以用有条件中断返回指令或无条件中断返回指令，来返回主程序。

（三）中断连接指令（ATCH）、中断分离指令（DTCH）

中断连接指令（ATCH）、中断分离指令（DTCH）的梯形图和指令表格式如图 4-29 所示。

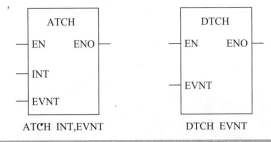

图 4-29 中断连接指令（ATCH）、中断分离指令（DTCH）

chapter 01
chapter 02
chapter 03
chapter 04
chapter 05
chapter 06
appendix

中断连接指令（ATCH）是指当 EN 端口执行条件存在时，把一个中断事件（EVNT）和一个中断程序（INT）联系起来，并允许该中断事件，INT 为中断服务程序的标号，EVNT 为中断事件号。

中断分离指令（DTCH）是指当 EN 端口执行条件存在时，切断一个中断事件和中断程序之间的联系，并禁止该中断事件。EVNT 端口指定被禁止的中断事件。

（四）中断允许指令（ENI）、中断禁止指令（DISI）

中断允许指令（ENI）、中断禁止指令（DISI）梯形图和指令表格式如图 4-30 所示。

```
——( PLS )          ——( DISI )
    ENI                 DISI
```

图 4-30 中断允许指令（ENI）、中断禁止指令（DISI）

中断允许指令（ENI）是指当逻辑条件成立时，全局地允许所有被连接的中断事件。该指令无操作数。

中断禁止指令（DISI）是指当逻辑条件成立时，全局地禁止所有被连接的中断事件。该指令无操作数。

（五）中断返回指令

中断返回指令包含有条件中断返回指令（CRETI）和无条件中断返回指令（RETI）两条。

有条件中断返回指令（CRETI）是指当逻辑条件成立时，从中断程序返回到主程序继续执行。

无条件中断返回指令（RETI）是指由编程软件在中断程序末尾自动添加。

小提示

　　中断事件的处理提供了对特殊的内部或外部事件的快速响应。因此中断程序应短小、简单，执行时间不宜过长。在中断程序中不能使用 DISI、ENI、HDEF、LSCR 和 END 指令。中断程序的执行影响触点、线圈和累加器状态，中断响应前后，系统会自动保存和恢复逻辑堆栈、累加器及特殊存储标志位（SM），来保护现场。

定时中断指令采集模拟量的程序应用如图 4-31 所示。

八、高速脉冲输出指令

高速脉冲输出功能可以使 PLC 在指定的输出点上产生高速脉冲，用来驱动负载实现精确控制。例如，可以用于对步进电动机和直流伺服电动机的定位控制和调速。

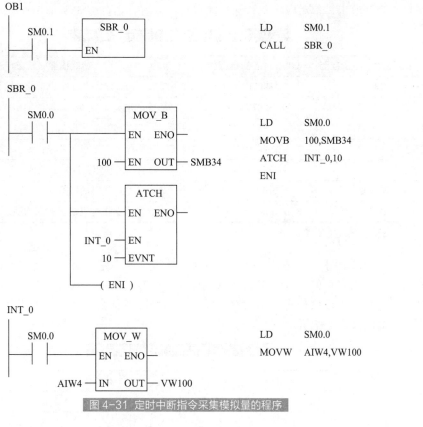

chapter 01
chapter 02
chapter 03
chapter 04
chapter 05
chapter 06
appendix

图 4-31 定时中断指令采集模拟量的程序

（一）高速脉冲输出指令（PLS）

高速脉冲输出指令的 LAD 和 STL 格式如图 4-32 所示。

高速脉冲的输出方式可分为高速脉冲串输出（PTO）和宽度可调脉冲输出（PWM）两种方式。高速脉冲串输出提供方波（占空比为 50%）输出，用户控制脉冲周期和脉冲数；宽度可调脉冲输出提供连续、占空比可调的脉冲输出，用户控制脉冲周期和脉冲宽度。

图 4-32 高速脉冲输出指令

S7-200 系列 PLC 的 CPU 有两个 PTO/PWM 发生器分别产生高速脉冲串和脉冲宽度可调的波形，一个发生器分配给数字输出端 Q0.0，另一个分配给 Q0.1。PLS 指令只有一个输入端 Q，字型数据，只能取常数 0 或 1，对应从 Q0.0 或 Q0.1 输出高速脉冲。PTO/PWM 发生器和输出映像寄存器共同使用 Q0.0 和 Q0.1。若 Q0.0 和 Q0.1 在程序执行时用做高速脉冲输出点，则只能被高速脉冲输出发生器使用，禁止使用数字量输出的通用功能，任何输出刷新、立即输出等指令均无效；若没有进行高速脉冲输出，Q0.0 和 Q0.1 可以作为普通的数字量输出点使用。

PLS 指令的功能是指当 EN 端口执行条件存在时，检测脉冲输出特殊存储器的状态，激活由控制字节定义的脉冲操作，从 Q 端指定的输出端输出高速脉冲。

（二）与高速脉冲输出相关的特殊功能寄存器

在 S7_200 系列 PLC 中，如果使用高速脉冲输出功能，则对于 Q0.0、Q0.1 和每一路 PTO/PWM 输出，都对应一些特殊功能寄存器，寄存器分配如表 4-6 所示。

表 4-6 高速脉冲输出的特殊功能寄存器分配

与 Q0.0 对应的寄存器	与 Q0.1 对应的寄存器	功能描述
SMB66	SMB76	状态字节，PTO 方式，监控脉冲串的运行状态
SMB67	SMB77	控制字节，定义 PTO/PWM 脉冲的输出格式
SMW68	SMW78	设置 PTO/PWM 脉冲的周期值，范围：2 ~ 65535
SMW70	SMW80	设置 PWM 的脉冲宽度值，范围：0 ~ 65535
SMD72	SMD82	设置 PTO 脉冲的输出脉冲数，范围：1 ~ 4294967295
SMB166	SMB176	设置 PTO 多段操作时的段数
SMW168	SMW178	设置 PTO 多段操作时包络表的起始地址

1. 状态字节

状态字节用于 PTO 方式。Q0.0 或 Q0.1 是否空闲，是否溢出，当采用多个脉冲串输出时，输出终止的原因，这些信息在程序运行时，都能使状态字节置位或者复位。可以通过程序来读取相关位的状态，以此作为判断条件来实现相应的操作。具体状态字节的功能如表 4-7 所示。

表 4-7 高速脉冲输出指令的状态字节

Q0.0	Q0.1	状态位功能
SM66.0 ~ SM66.3	SM76.0 ~ SM76.3	没用
SM66.4	SM76.4	PTO 包络表因增量计算错误终止, 0(无错误), 1(有错误)
SM66.5	SM76.5	PTO 包络表因用户命令终止, 0(不终止), 1(终止)
SM66.6	SM76.6	PTO 管线溢出, 0(无溢出), 1(溢出)
SM66.7	SM76.7	PTO 空闲, 0(执行中), 1(空闲)

2. 控制字节 (SMB67/SMB77)

每个高速脉冲输出都对应一个控制字节，用来设置高速脉冲输出的时间基准、具体周期、输出模式（PTO/PWM）、更新方式、PTO 的单段或多段输出选择等。控制字节中各控制位的功能描述如表 4-8 所示。

表 4-8 高速脉冲输出控制位功能

Q0.0	Q0.1	控制位功能
SM67.0	SM77.0	允许更新 PTO/PWM 周期, 0(不更新), 1(允许更新)
SM67.1	SM77.1	允许更新 PWM 脉冲宽度值, 0(不更新), 1(允许更新)
SM67.2	SM77.2	允许更新 PTO 输出脉冲数, 0(不更新), 1(允许更新)
SM67.3	SM77.3	PTO/PWM 的时间基准选择, 0(1μs/ 时基), 1(1ms/ 时基)
SM67.4	SM77.4	PWM 的更新方式, 0(异步更新), 1(同步更新)
SM67.5	SM77.5	PTO 单段 / 多段输出选择, 0(单段管线), 1(多段管线)
SM67.6	SM77.6	PTO/PWM 的输出模式选择, 0(PTO 模式), 1(PWM 模式)
SM67.7	SM77.7	允许 PTO/PWM 脉冲输出, 0(禁止脉冲输出), 1(允许脉冲输出)

3. PWM 脉冲输出设置

PWM 脉冲是指占空比可调而周期固定的脉冲。其周期和脉宽的增量单位可以设为微秒（μs）或毫秒（ms）。对应周期的变化范围分别为 50 ~ 65535μs 和 2 ~ 65535ms，在设置周期时，一般应设定为偶数，否则将引起输出波形的占空比失真；周期设置值应大于 2，若设置值小于 2，系统将默认为 2。脉冲宽度的变化范围分别为 0 ~ 65535μs 和 0 ~ 65535ms，占空比为 0% ~ 100%，当脉宽大于等于周期时，占空比为 100%，即输出连续；当脉冲宽度为 0 时，占空比为 0%，即输出被关断。

知识链接

由于 PWM 占空比可调，且周期可设置，因而脉冲连续输出时的波形可以更新。有两个方法可改变波形的特性：同步更新和异步更新。

同步更新：PWM 脉冲输出的典型操作是不改变周期而变化脉冲宽度，所以不需要改变时间基准。不改变时间基准，可以使用同步更新。同步更新时，波形特性的变化发生在周期的边沿，可以形成波形的平滑转换。

异步更新：若在脉冲输出时要改变时间基准，就要使用异步更新方式。但是异步更新会导致 PWM 功能暂时失效，造成控制设备的振动。

4. PTO 脉冲串的输出设置

PTO 脉冲串输出占空比为 1∶1 的方波，可以设置其周期和输出的脉冲数量。周期以微秒或毫秒为单位，周期的变化范围为 50 ~ 65535μs 或 2 ~ 65535ms，设置周期时，一般设置为偶数，否则会引起输出波形占空比的失真。如果周期小于最小值，系统将默认为最小值。脉冲数的设置范围为 1 ~ 4294967295，如果设置值为 0，系统将默认为 1。

当状态字节中的 PTO 空闲位（SM66.7 或 SM76.7）为 1 时，表示脉冲串输出完成，可根据脉冲串输出的完成调用相应的中断程序，来处理相关的重要操作。

在 PTO 输出形式中，允许连续输出多个脉冲串，每个脉冲串的周期和脉冲数可以不相同。当需要输出多个脉冲串时，允许这些脉冲串进行排队，即在当前的脉冲串输出完成后，立即输出新的脉冲串，从而形成"管线"。根据管线的实现形式，将 PTO 分为单段和多段管线两种。

（1）单段管线 在单段管线 PTO 输出时，管线中只能存放一个脉冲串控制参数，在当前脉冲串输出期间，就要立即为下一个脉冲串设置控制参数，待当前脉冲串输出完成后，再次执行 PLS 指令，就可以立即输出新的脉冲串。重复以上过程就可输出多个脉冲串。

采用单段管线的优点是各个脉冲串的时间基准可以不相同，其缺点是编程复杂，当参数设置不当时，会造成各个脉冲串之间的不平滑转换。

（2）多段管线 当采用多段管线 PTO 输出高速脉冲串时，需要在变量存储区（V）建立一个包络表。包络表中包含各脉冲串的参数（初始周期、周期增量和脉冲数）及要输出脉冲的段数。当执行 PLS 指令时，系统自动从包络表中读取每个脉冲串的参数进行输出。

编程时，必须向 SMW168 或 SMW178 中装入包络表的起始变量的偏移地址（从 V0

开始计算偏移地址），例如包络表从 VB500 开始，则需要向 SM168 或 SM178 中写入十进制数 500。包络表中的周期增量可以选择微秒或毫秒为单位，但一个包络表中只能选择一个时间基准，运行过程中也不能改变。包络表的格式见表 4-9。

表 4-9 包络表的格式

从包络表开始的字节偏移地址	包络表各段	描 述
VBn		段数（1～255），设为 0 产生非致命性错误，不产生 PTO 输出
VWn+1		初始周期，数据范围：2～65535
VWn+3	第一段	每个脉冲的周期增量，范围：-32768～32767
VDn+5		脉冲个数（1～4294967295）
VWn+9		初始周期，数据范围：2～65535
VWn+11	第二段	每个脉冲的周期增量，范围：-32768～32767
VDn+13		脉冲个数（1～4294967295）
...		

5. 高速脉冲输出指令应用举例

如图 4-33 所示表示出了步进电动机启动加速、恒速运行、减速停止过程中脉冲频率—时间的关系，其中加速部分在 200 个脉冲内达到最大脉冲频率（10kHz），减速部分在 400 个脉冲内完成，试编写控制程序。

知识链接

（1）包络表每段的长度有 8 个字节，由周期值（16bit）、周期增量值（16bit）和本段内输出脉冲的数量（32bit）组成。

（2）一般来说，为了使各脉冲段之间能够平滑过渡，各段的结束周期（ECT）应与下一段的初始周期（ICT）相等。

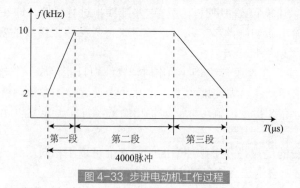

图 4-33 步进电动机工作过程

（1）计算周期增量

加速部分（第一段）：周期增量 =(100μs-500μs)/200=-2μs

恒速部分（第二段）：周期增量 =(100μs-100μs)/3400=0

减速部分（第三段）：周期增量 =(500μs-100μs)/400=1μs

（2）假定包络表存放在从 VB500 开始的 V 存储器区，相应的包络表参数如表4-10 所示。

表4-10 包络表值

V 存储器地址	参数值
VB500	3（总段数）
VW501	500（第一段初始周期）
VW503	-2（第一段周期增量）
VD505	200（第一段脉冲个数）
VW509	100（第二段初始周期）
VW511	0（第二段周期增量）
VD513	3400（第二段脉冲个数）
VW517	100（第三段初始周期）
VW519	1（第三段周期增量）
VD521	400（第三段脉冲个数）

依据包络表所设计的步进电动机控制程序（STL 形式）如下：

```
//******* 主程序 *******
LD      SM0.1
R       Q0.0,1
CALL    SBR_0                  // 调用子程序
//******* 子程序 SBR_0*******
LD      SM0.0
MOVB    16#A0,SMB67            // 设置 PTO 控制字节
MOVW    +500,SMW168           // 指定包络表的起始地址为 V500
MOVB    3,VB500               // 设定包络表的总段数为 3
MOVW    +500,VW501            // 设定第一段的起始周期为 500μs
MOVW    -2,VW503              // 设定第一段的周期增量为 -2μs
MOVD    +200,VD505            // 设定第一段的脉冲个数为 200
MOVW    +100,VW509            // 设定第二段的起始周期为 100μs
MOVW    +0,VW511              // 设定第二段的周期增量为 0
MOVD    +3400,VD513           // 设定第二段的脉冲个数为 3400
MOVW    +100,VW517            // 设定第三段的起始周期为 100μs
MOVW    +1,VW519              // 设定第三段的周期增量为 1μs
MOVD    +400,VD521            // 设定第三段的脉冲个数为 400
ATCH    INT_2,19              // 建立中断事件与中断程序的连接
ENI                          // 允许中断
PLS                          // 执行 PLS 指令
******* 中断程序 INT_2*******
LD   SM0.0
=       Q0.1                  // 当 PTO 输出完成时接通 Q0.1
```

任务实施

在知识准备中，主要介绍了 S7-200 PLC 的移位指令、数据处理指令、表功能指令等完成机加工车间机械手控制系统所需要的相关知识。接下来讲解该任务实施的方法和步骤。

一、确定控制方案

机加工车间机械手控制系统较简单，采用 PLC 单机控制即可，系统控制流程图如图 4-35 所示。

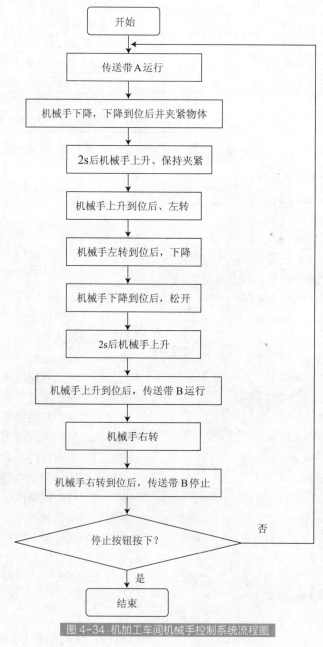

图 4-34 机加工车间机械手控制系统流程图

二、选择 PLC 类型

本任务中，只用到了 7 个数字量输入点作为机加工车间机械的启停控制、限位开关控制等，7 个数字量输出点控制机械手的上升、下降、左右转、夹紧及传送带，不需要模拟量 I/O 通道，一般的 PLC 都能够胜任。通过分析，PLC 类型选用 S7-200，CPU 类型选用 CPU224 AC/DC/ 继电器。

三、PLC 的 I/O 地址分配

机加工车间机械手控制系统的 I/O 地址分配表如表 4-11 所示。

表 4-11 输入 / 输出地址分配表

序号	PLC 地址	电气符号	功能
1	I0.0	SB1	启动按钮
2	I0.1	SQ1	上升限位
3	I0.2	SQ2	下降限位
4	I0.3	SQ3	左转限位
5	I0.4	SQ4	右转限位
6	I0.5	SB2	停止按钮
7	I0.6	PS	光电开关
8	Q0.1	YV1	上升
9	Q0.2	YV2	下降
10	Q0.3	YV3	左转
11	Q0.4	YV4	右转
12	Q0.5	YV5	夹紧
13	Q0.6	A	传送带
14	Q0.7	B	传送带

四、系统硬件和软件设计

（一）PLC 输入 / 输出电路

机械手 PLC 控制系统硬件连接图如图 4-35 所示。

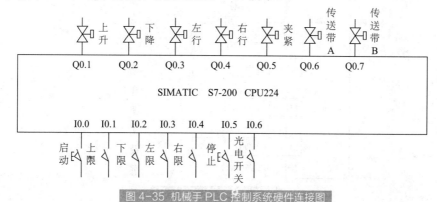

图 4-35 机械手 PLC 控制系统硬件连接图

（二）程序设计

根据控制要求先设计出顺序功能图，如图 4-36 所示。根据顺序功能图再设计出梯形图程序，如图 4-37 所示。顺序功能图是一个按顺序动作的步进控制系统，在本例中采用移位寄存器编程方法。用移位寄存器 M10.1～M11.2 位分别代表流程图的各步，当两步之间的转换条件满足时，进入下一步。移位寄存器的数据输入端 DATA（M10.0）由 M10.1～M11.1 各位的常闭触点、上升限位的标志位（M1.1）、右转限位的标志位（M1.4）及传送带 A 检测到工件的标志位（M1.6）串联组成，即当机械手处于原位，各工步未启动时，若光电开关 PS 检测到工件，则 M10.0 置 1，作为输入的数据，同时作为第一个移位脉冲信号。以后的移位脉冲信号由代表步位状态中间继电器的常开触点和代表处于该步位的转换条件触点串联支路依次并联组成。在 M10.0 线圈回路中，串联 M10.1～M11.1 各位的常闭触点，是为了防止机械手在还没有回到原位的运行过程中移位寄存器的数据输入端再次置 1，因为移位寄存器中的"1"信号在 M10.1～M11.1 之间依次移动时，各步状态位对应的常闭触点总有一个处于断开状态。当"1"信号移到 M11.2 时，机械手回到原位，此时移位寄存器的数据输入端重新置 1，若启动电路保持接通（M0.0=1），机械手将重复工作。当按下停止按钮时，使移位寄存器复位，机械手立即停止工作。若按下停止按钮后机械手的动作仍然继续进行，直到完成一个周期的动作后，回到原位时才停止工作。

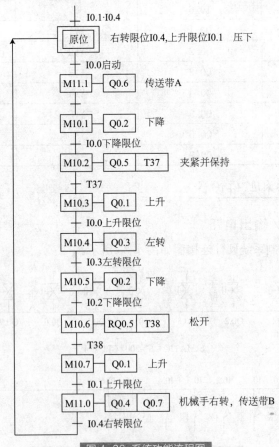

图 4-36 系统功能流程图

网络1 系统启动控制

```
    I0.0        I0.5        M0.0
 ┤├──────────┤├────────────( )

    M0.0
 ┤├
```

网络2 上升限位

```
    I0.1        Q0.2        M1.1
 ┤├──────────┤/├────────────( )

    M0.0
 ┤├

    M1.1
 ┤├
```

网络3 右转限位

```
    I0.4        Q0.3        M1.4
 ┤├──────────┤/├────────────( )

    M0.0
 ┤├

    M1.4
 ┤├
```

网络4 传送带检测到工件

```
    I0.6        M0.0        M1.6
 ┤├──────────┤├────────────( )

    M1.6
 ┤├
```

网络5 传送带A运行控制

```
    M0.0        M1.6        Q0.6
 ┤├──────────┤/├────────────( )

    M11.1      M11.2
 ┤├──────────┤/├
```

网络6 移位寄存器数据输入端DATA的组成

```
   M1.1     M1.4     M10.1    M10.2    M10.3    M10.4    M10.5
 ┤├──────┤├──────┤/├──────┤/├──────┤/├──────┤/├──────┤/├────≫

   M10.6    M10.7    M11.0    M11.1    M1.6     M10.0
 ┤/├──────┤/├──────┤/├──────┤/├──────┤├─────────( )
```

网络7 机械手状态控制

```
    I0.5        M10.0
 ┤/├──────────( R )
                 9

             M20.0
            ──( R )
                 1
```

网络8　移位脉冲信号的形成

```
      M10.0                          ┌──────────────┐
   ──┤ ├──────────────────────────┤ SHRB         │
                                    │ EN      ENO  ├──< >
      M10.1      I0.2               │              │
   ──┤ ├────────┤ ├───┐      M10.0 ─┤ DATA         │
                     │       M10.1 ─┤ S_BIT        │
      M10.2      T37  │         +10 ─┤ N            │
   ──┤ ├────────┤ ├───┤             └──────────────┘
                     │
      M10.3      I0.1 │
   ──┤ ├────────┤ ├───┤
                     │
      M10.4      I0.3 │
   ──┤ ├────────┤ ├───┤
                     │
      M10.5      I0.2 │
   ──┤ ├────────┤ ├───┤
                     │
      M10.6      T38  │
   ──┤ ├────────┤ ├───┤
                     │
      M10.7      I0.1 │
   ──┤ ├────────┤ ├───┤
                     │
      M11.0      I0.4 │
   ──┤ ├────────┤ ├───┤
                     │
      M11.1      I10.6│
   ──┤ ├────────┤ ├───┘
```

网络9　机械手下降控制

```
      M10.1      Q0.2
   ──┤ ├────────┤ ├───( )
      M10.5
   ──┤ ├───┘
```

网络10　机械手夹紧复位控制

```
      M10.2      M20.0
   ──┤ ├────────┤ ├───( S )
                         1
                      ┌──────────────┐
                      │          T37 │
                    ──┤ IN      TON  │
                      │              │
                 +20 ─┤ PT           │
                      └──────────────┘
```

网络11　机械手夹紧输出控制

```
      M20.0      Q0.5
   ──┤ ├────────┤ ├───( )
```

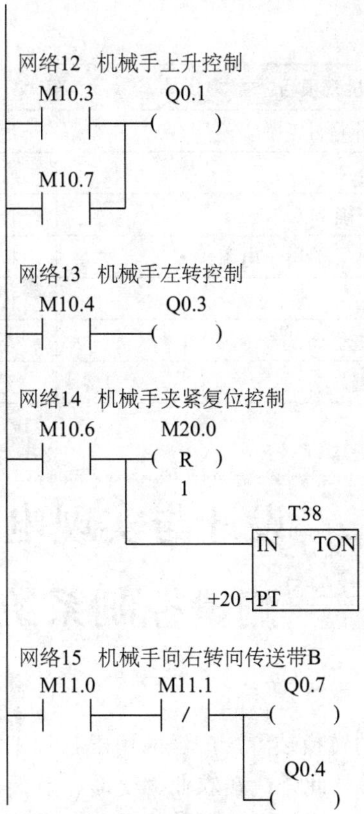

网络12 机械手上升控制
```
M10.3        Q0.1
—| |————————( )
M10.7
—| |
```

网络13 机械手左转控制
```
M10.4        Q0.3
—| |————————( )
```

网络14 机械手夹紧复位控制
```
M10.6        M20.0
—| |————————( R )
              1
                        T38
                      ┌──────────┐
                      │IN    TON │
                      │          │
                +20 ──┤PT        │
                      └──────────┘
```

网络15 机械手向右转向传送带B
```
M11.0   M11.1        Q0.7
—| |——| / |————————( )
                     Q0.4
                    ( )
```

图 4-37 机械手 PLC 控制系统梯形图程序

五、系统调试

本任务采用模拟调试的方法对程序进行检查。在 PLC 实验室可以对机加工车间机械手控制系统实现模拟调试，根据图 4-35PLC 输入 / 输出接线图，对机械手模拟系统进行接线，按钮 SB1、SQ1~SQ4、SB2、PS 分别接在 S7-200 PLC 的输入点 I0.0、I0.1~I0.6 上，作为机械手控制系统的启停按钮、限位开关及光电开关，LED 灯 L0~L6 分别接在 PLC 的输出点 Q0.1~Q0.7 上，作为机械手上升、下降、左转、右转、夹紧、传送带运行的指示灯，比如如果机械手正在上升，则 LED 灯 L0 就会点亮。结合图 4-34 机车间机械手系统控制流程图，按下按钮 SB1 等，观察送料小车指示灯是否按照控制要求点亮。实验调试证明，所编程序可以满足控制要求。

六、整理技术文件

调试完系统后，要整理、编写相关的技术文档，主要包括电气原理图（包括主电路、控制电路和输入 / 输出电路）及设计说明（包括设备选型等），I/O 地址分配表、电路控制流程图，带注释的原程序和软件设计说明，调试记录，系统使用说明书。最后形成正确的、与系统最终交付使用时相对应的一整套完整的技术文档。

任务评价

序号	检查项目	评价方式（总分100分）
1	系统控制流程图设计是否正确	流程图设计有误扣 10 分
2	PLC 类型选择是否合理	PLC 选择不合理扣 10 分
3	I/O 地址分配是否正确	I/O 地址分配不正确记 0 分
4	接线是否正确（输入、输出、电源）	接线不正确记 0 分
5	程序设计是否正确	程序无法调通酌情扣分
6	能否正确的对系统进行调试	不会对系统进行调试扣 20 分
7	是否编写了技术文档	无技术文档扣 5 分

任务二：设计与实现电动机转速
测量控制系统

任务引入

电动机作为机电能量的转换装置，广泛应用于各种工业企业的机械设备中，如机床、起重机、风机、水泵等。此外，在农业、交通、航天、医疗、家用电器等各个领域中，电动机的应用也十分广泛。电动机转速是判定其运行状态的关键参数，尤其在电动机闭环控制系统中，转速的准确性直接影响整个系统的稳态误差及动态响应性能。因此电动机转速的测量在实际应用中具有十分重要的意义。那么如何实现某些场合的电动机转速控制呢，希望你可以给出详解。

任务分析

设计一个三相异步交流电动机的转速测量控制系统。要求：按下启动按钮后，电动机先进行星形连接，10s 后自动转到三角形连接，按下停止按钮后电动机自由停车，能手动进行电动机的正反转控制。

电动机转速的测量通常是先利用与电动机转子连接的编码器将电动机的转速转换成脉冲，电动机每转过一周编码器输出一定数量的脉冲，然后利用高速计数器对脉冲进行计数，通过脉冲的计数值从而确定电机的转速。一般编码器能输出两路相位相差90°（正交）的脉冲信号，通过两路脉冲信号输出的前后次序，即能测量电动机的旋转方向。要求设计、完成该控制系统，并形成相应的设计文档。

该任务中，硬件部分主要包括 PLC、控制电动机正反转的接触器、测量电动机转速的编码器、保护电动机的熔断器和热继电器等。软件部分主要需要掌握 PLC 的数学运算类指令、数据转换类指令、高速计数器指令、PID 回路控制指令的编程和运用。

在完成该任务的控制系统设计之前，先学习 PLC 的相关知识，下面就德国西门子 S7-200 PLC 与本任务相关的理论知识进行详解。

知识准备

一、S7-200PLC 的数学运算类指令

随着计算机技术的发展，新型 PLC 具备了越来越强的数学运算功能，来满足复杂控制对控制器计算能力的要求。数学运算指令包括算术运算指令和逻辑运算指令两大类。

（一）算术运算指令

算术运算指令包括加、减、乘、除运算及常用函数指令。其数据类型为整型（INT）、双整型（DINT）和实数型（REAL）。

1. 加法运算指令

当允许输入端 EN 有效时，加法运算指令执行加法操作，把两个输入端（IN1，IN2）指定的数据相加，将运算结果送到输出端（OUT）指定的存储单元中。

加法运算指令是对有符号数进行加法运算，可分为整数（ADD_I）、双整数（ADD_DI）、实数（ADD_R）加法运算指令，指令的梯形图和指令表格式如图 4-38 所示。其操作数的数据类型依次为有符号整数（INT）、有符号双整数（DINT）和实数（REAL）。

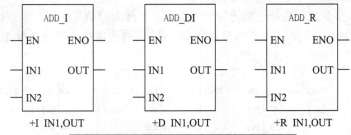

图 4-38　加法运算指令的梯形图和指令表格式

> **小提示**
>
> 执行加法运算时，使用梯形图编程和指令表编程时对存储单元的要求是不相同的。使用梯形图编程时，执行 IN1+IN2=OUT，因此 IN2 和 OUT 指定的存储单元可以相同也可以不相同；使用指令表编程时，执行 IN1+OUT=OUT，因此 IN2 和 OUT 要使用相同的存储单元。

2. 减法运算指令

当允许输入端 EN 有效时，减法运算指令执行减法操作，把两个输入端（IN1，IN2）指定的数据相减，将运算结果送到输出端（OUT）指定的存储单元中。

减法运算指令是对有符号数进行减法运算，可分为整数（SUB_I）、双整数（SUB_DI）、实数（SUB_R）减法运算指令，指令的梯形图和指令表格式如图 4-39 所示。其操作数的数据类型依次为有符号整数（INT）、有符号双整数（DINT）和实数（REAL）。

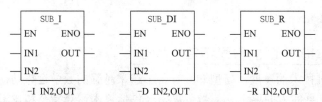

图 4-39 减法运算指令的梯形图和指令表格式

小提示

执行减法运算时，使用梯形图编程和指令表编程时对存储单元的要求是不相同的。使用梯形图编程时，执行 IN1-IN2=OUT，因此 IN1 和 OUT 指定的存储单元可以相同也可以不相同；使用指令表编程时，执行 OUT-IN2=OUT，因此 IN1 和 OUT 要使用相同的存储单元。

3. 乘法运算指令

当允许输入端 EN 有效时，乘法运算指令把两个输入端（IN1，IN2）指定的数相乘，将运算结果送到输出端（OUT）指定的存储单元中。

乘法运算指令是对有符号数进行乘法运算，可分为整数（MUL_I）、双整数（MUL_DI）、实数（MUL_R）乘法指令和整数完全（MUL）乘法指令，指令的梯形图和指令表格式如图 4-40 所示。

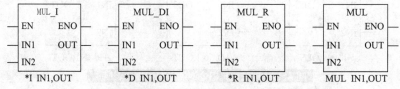

图 4-40 乘法运算指令的梯形图和指令表格式

整数乘法运算指令是将两个单字长符号整数相乘，产生一个 16 位整数；双整数乘法运算指令是将两个双字长符号整数相乘，产生一个 32 位整数；实数乘法运算指令是将两个双字长实数相乘，产生一个 32 位实数；整数完全乘法运算指令是将两个单字长符号整数相乘，产生一个 32 位整数。

小提示

（1）执行乘法运算时，使用梯形图编程和指令表编程时对存储单元的要求是不相同的。使用梯形图编程时，执行 IN1*IN2=OUT，因此 IN2 和 OUT 指定的存储单元可以相同也可以不相同；使用指令表编程时，执行 IN1*OUT=OUT，因此 IN2 和 OUT 要使用相同的存储单元（整数完全乘法运算指令的 IN2 与 OUT 的低 16 位使用相同的存储单元）。

（2）对标志位的影响：

加法、减法、乘法指令影响的特殊存储器位：SM1.0（零）、SM1.1（溢出）、SM1.2（负）。

▊▎4. 除法运算指令

当允许输入端 EN 有效时，除法运算指令把两个输入端（IN1，IN2）指定的数相除，将运算结果送到输出端（OUT）指定的存储单元中。

除法运算指令是对有符号数进行除法运算，可分为整数（DIV_I）、双整数（DIV_DI）、实数（DIV_R）除法指令和整数完全（DIV）除法指令，指令的梯形图和指令表格式如图 4-41 所示。

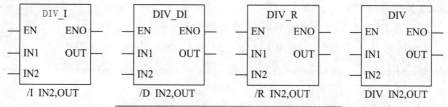

图 4-41 除法运算指令的梯形图和指令表格式

整数除法运算指令是将两个单字长符号整数相除，产生一个 16 位商，不保留余数；双整数除法运算指令是将两个双字长符号整数相除，产生一个 32 位商，不保留余数；实数除法运算指令是将两个双字长实数相除，产生一个 32 位商，不保留余数；整数完全除法运算指令是将两个单字长符号整数相除，产生一个 32 位的结果，其中高 16 位是余数，低 16 位是商。

算术运算指令编程举例如图 4-42 所示。

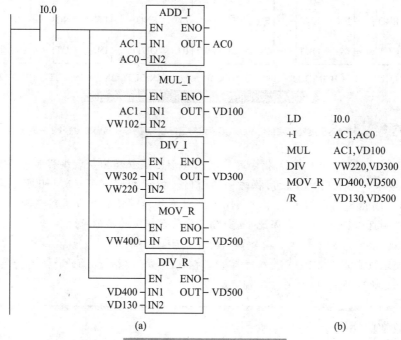

图 4-42 算术运算指令编程举例

图 4-42 中，实数除法指令中 IN1（VD400）与 OUT（VD500）不是同一地址单元。在指令表编程时，首先要使用 MOV_R 指令将 IN1（VD400）传送到 OUT（VD500），然后执行除法操作。事实上，加法、减法、乘法等指令如果遇到上述情况，也要作类似的处理。

（1）执行除法运算时，使用梯形图编程和指令表编程对存储单元的要求是不相同的。使用梯形图编程时，执行 IN1/IN2=OUT，因此 IN1 和 OUT 指定的存储单元可以相同也可以不相同；使用指令表编程时，执行 OUT/IN2=OUT，因此 IN1 和 OUT 要使用相同的存储单元（整数完全除法运算指令的 IN1 与 OUT 的低 16 位使用相同的地址单元）。

（2）除法运算指令对特殊存储器位的影响：

SM1.0（零）、SM1.1（溢出）、SM1.2（负）、SM1.3（除数为 0）。

5. 加 1 和减 1 指令

加 1 和减 1 指令用于自增、自减操作，当允许输入端 EN 有效时，把输入端（IN）指定的数加 1 或减 1，将运算结果送到输出端（OUT）指定的存储单元中。

加 1 和减 1 指令的操作数长度可以是字节（无符号数）、字或双字（有符号数），所以指令可以分为字节、字、双字加 1 或减 1 指令，指令的梯形图和指令表格式如图 4-44 所示。

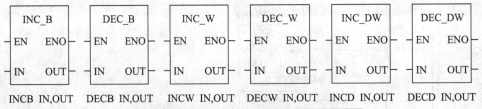

图 4-43 加 1 和减 1 指令的梯形图和指令表格式

（1）执行加 1（减 1）指令时，使用梯形图编程和指令表编程时对存储单元的要求是不相同的。使用梯形图编程时，执行 IN+1=OUT（IN-1=OUT），因此 IN 和 OUT 指定的存储单元可以相同也可以不相同；使用指令表编程时，执行 OUT+1=OUT（OUT-1=OUT），因此 IN 和 OUT 要使用相同的存储单元。

（2）字节加 1 和减 1 指令影响的特殊存储器位：

SM1.0（零）、SM1.1（溢出），字、双字加 1 和减 1 指令影响的特殊存储器位：SM1.0（零）、SM1.1（溢出）、SM1.2（负）。

6. 数学功能指令

数学功能指令包括平方根、自然对数、自然指数和三角函数等常用的函数指令，除平方根函数指令外，其他数学函数需要在 CPU2241.0 以上版本支持。数学功能指令的操作数均为实数（REAL）。指令的梯形图和指令表格式如图 4-44 所示。

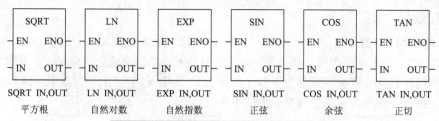

图 4-44 数学功能指令的梯形图和指令表格式

（1）平方根（Square Root）指令

平方根指令（SQRT），把输入端（IN）的 32 位实数开方，得到 32 位实数结果，并把结果存放到 OUT 指定的存储单元中。

（2）自然对数（Natural Logarithm）指令

自然对数指令（LN），把输入端（IN）的 32 位实数取自然对数，得到 32 位实数结果，并把结果存放到 OUT 指定的存储单元中。

（3）自然指数（Natural Exponential）指令

自然指数指令（EXP），把输入端（IN）的 32 位实数取以 e 为底的指数，得到 32 位实数结果，并把结果存放到 OUT 指定的存储单元中。

（4）正弦、余弦、正切指令

正弦、余弦、正切指令，对输入端（IN）指定的 32 位实数的弧度值取正弦、余弦、正切，得到 32 位实数结果，并把结果存放到 OUT 指定的存储单元中。

 知识链接

数学功能指令影响的特殊存储器位：SM1.0（零）、SM1.1（溢出）、SM1.2（负）。

chapter 01
chapter 02
chapter 03
chapter 04
chapter 05
chapter 06
appendix

（二）逻辑运算指令

逻辑运算是对无符号数进行逻辑处理，按运算性质的不同，包括逻辑与指令、逻辑或指令、逻辑非指令、逻辑异或指令。其操作数均可以是字节、字和双字，且均为无符号数。

1. 逻辑"与"指令

逻辑"与"指令是指当允许输入端 EN 有效时，对两个输入端（IN1，IN2）的数据按位"与"，产生一个逻辑运算结果，并把结果存入 OUT 指定的存储单元中。逻辑"与"指令按操作数的数据类型可分为字节（B）"与"、字（W）"与"、双字（DW）"与"指令，指令的梯形图和指令表格式如图 4-45 所示。

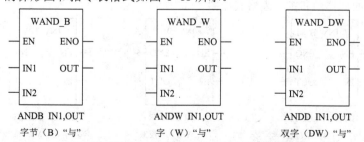

图 4-45 逻辑"与"指令的梯形图和指令表格式

2. 逻辑"或"指令

逻辑"或"指令是指当允许输入端 EN 有效时,对两个输入端(IN1,IN2)的数据按位"或",产生一个逻辑运算结果,并把结果存入 OUT 指定的存储单元中。逻辑"或"指令按操作数的数据类型可分为字节(B)"或"、字(W)"或"、双字(DW)"或"指令,指令的梯形图和指令表格式如图 4-46 所示。

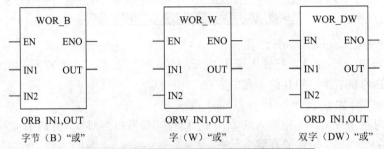

图 4-46 逻辑"或"指令的梯形图和指令表格式

3. 逻辑"异或"指令

逻辑"异或"指令是指当允许输入端 EN 有效时,对两个输入端(IN1,IN2)的数据按位"异或",产生一个逻辑运算结果,并把结果存入 OUT 指定的存储单元中。逻辑"异或"指令按操作数的数据类型可分为字节(B)"异或"、字(W)"异或"、双字(DW)"异或"指令,指令的梯形图和指令表格式如图 4-47 所示。

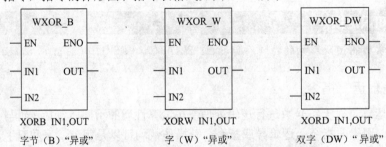

图 4-47 逻辑"异或"指令的梯形图和指令表格式

4. 逻辑"取反"指令

逻辑"取反"指令是指当允许输入端 EN 有效时,对输入端(IN)的数据按位"取反",产生一个逻辑运算结果,并把结果存入 OUT 指定的存储单元中。逻辑"取反"指令按操作数的数据类型可分为字节(B)"取反"、字(W)"取反"、双字(DW)"取反"指令,指令的梯形图和指令表格式如图 4-48 所示。

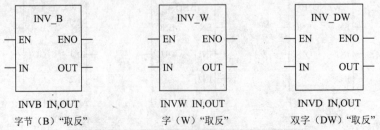

图 4-48 逻辑"异或"指令的梯形图和指令表格式

知识链接

逻辑运算指令影响的特殊存储器位：SM1.0（零）。

逻辑运算指令编程举例如图 4-49 所示。

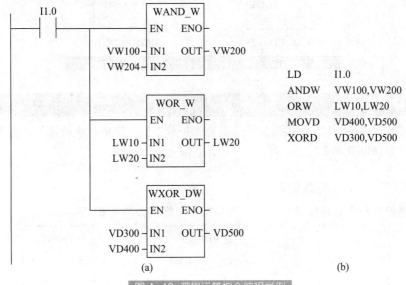

```
LD      I1.0
ANDW    VW100,VW200
ORW     LW10,LW20
MOVD    VD400,VD500
XORD    VD300,VD500
```

(a)　　　　　　　　　　　　　　　　　　(b)

图 4-49 逻辑运算指令编程举例

二、S7-200PLC 的数据转换类指令

数据转换指令的功能是指对操作数的类型进行转换，方便在不同类型数据之间进行处理或者运算，包括数据类型转换指令、数据的编码和译码指令以及字符串类型转换指令。

在进行数据处理时，不同性质的操作指令对数据类型的要求是不同的，所以在使用时需要进行数据类型转换。数据类型转换包括 BCD 码与整数的转换、双字整数与实数的转换、双字整数与整数的转换、字节与整数的转换，译码、编码指令，段码（SEG）指令，ASCII 码与十六进制数的转换（ATH 指令、HTA 指令）以及整数、双字整数、实数转为 ASCII 码指令。

（一）BCD 码与整数的转换

1. BCDI 指令（BCD 码转换为整数）

BCDI 指令是指当 EN 端口执行条件存在时，把输入端（IN）指定的 BCD 码转换成整数，并把结果存入输出端（OUT）指定的存储单元中。输入数据的范围是 0 ～ 9999。在STL 中，IN 和 OUT 使用相同的存储单元，指令的梯形图和指令表格式如图 4-50 所示。

2. IBCD 指令（整数转换为 BCD 码）

IBCD 指令是指当 EN 端口执行条件存在时，把输入端（IN）指定的整数转换成 BCD

码，并把结果存入输出端（OUT）指定的存储单元中。输入数据的范围是 0 ～ 9999。在 STL 中，IN 和 OUT 使用相同的存储单元，指令的梯形图和指令表格式如图 4-50 所示。

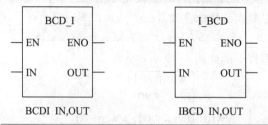

图 4-50 BCD 码与整数转换指令的梯形图和指令表格式

 知识链接

BCDI 指令和 IBCD 指令的数据类型为无符号整数，指令影响的特殊存储器位：SM1.6（非法 BCD 码）。

（二）双字整数与实数的转换

双字整数与实数转换指令的梯形图和指令表格式如图 4-51 所示。

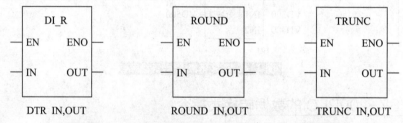

图 4-51 双字整数与实数转换指令的梯形图和指令表格式

把输入端（IN）指定的 BCD 码转换成整数，并把结果存入输出端（OUT）指定的存储单元中。

1. DTR 指令（双字整数转换为实数）

当 EN 端口执行条件存在时，把输入端（IN）指定的有符号双字整数转换为实数，并把结果存入输出端（OUT）指定的双字存储单元中。影响的特殊存储器位：SM1.1（溢出）。

2. ROUND 取整指令（实数转换为双字整数）

当 EN 端口执行条件存在时，将输入端（IN）指定的实数转换为有符号双字整数，结果输出到 OUT 指定的双字存储单元中。转换时实数的小数部分四舍五入。影响的特殊存储器位：SM1.1（溢出）。

3. TRUNC 取整指令（实数转换为双字整数）

当 EN 端口执行条件存在时，将输入端（IN）指定的实数转换为有符号双字整数，结果输出到 OUT 指定的双字存储单元中。转换时实数的小数部分舍去。影响的特殊存储器位：SM1.1（溢出）。

（三）双字整数与整数的转换

双字整数与整数转换指令的梯形图和指令表格式如图 4-52 所示。

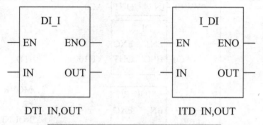

图 4-52 双字整数与整数转换指令

▐║ 1. DTI 指令（双字整数转换为整数）

当 EN 端口执行条件存在时，把输入端（IN）指定的有符号双字整数转换为整数，并把结果存入到输出端（OUT）指定的字存储单元中。影响的特殊存储器位：SM1.1（溢出）。

▐║ 2. ITD 指令（整数转换为双字整数）

当 EN 端口执行条件存在时，将输入端（IN）指定的整数转换为有符号双字整数，并把结果输出到 OUT 指定的双字存储单元中。影响的特殊存储器位：SM1.1（溢出）。

（四）字节与整数的转换

字节与整数转换指令的梯形图和指令表格式如图 4-53 所示。

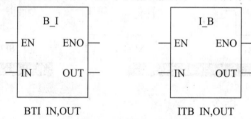

图 4-53 字节与整数的转换

▐║ 1. BTI 指令（字节转换为整数）

当 EN 端口执行条件存在时，把输入端（IN）指定的字节型数据转换成整数，并把结果存入输出端（OUT）指定的字存储单元中。

▐║ 2. IBT 指令（整数转换为字节）

当 EN 端口执行条件存在时，将输入端（IN）指定的无符号整数转换成字节型数据，并把结果输出到 OUT 指定的字节存储单元中。影响的特殊存储器位：SM1.1（溢出）。

转换指令应用举例如图 4-54 所示。

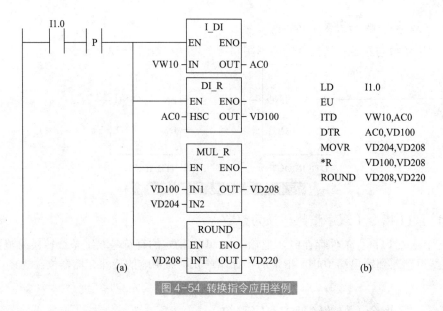

图 4-54 转换指令应用举例

（五）译码、编码指令

译码、编码指令的梯形图和指令表格式如图 4-55 所示。

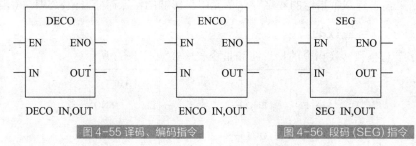

图 4-55 译码、编码指令　　　　图 4-56 段码（SEG）指令

▌▌1. 译码（DECO）指令

当 EN 端口执行条件存在时，将输入字节（IN）的低 4 位的二进制值所表示的十进制数，输出字（OUT）的相应位置 1，其他位置 0。

▌▌2. 编码（ENCO）指令

当 EN 端口执行条件存在时，将输入字（IN）中值为 1 的最低有效位的位号编码成 4 位二进制数，编码结果送到由 OUT 所指定字节的低四位。

（六）段码（SEG）指令

段码指令的梯形图和指令表格式如图 4-56 所示

段码指令是指当 EN 端口执行条件存在时，将输入字节（IN）低 4 位的有效值（16#0~F）转换成七段显示码，并输出到 OUT 所指定的字节存储单元中。

段码指令的七段显示码如图 4-57 所示。每个七段显示码占用一个字节，用它显示一个字符。每段置 1 时亮，置 0 时暗。与其对应的 8 位编码（最高位补 0）称为七段显示码。例如，要显示数据"1"时，七段数码管的明暗规则为 2#0000110，将高位补 0 后为 2#00000110，即"1"译码为"16#06"。

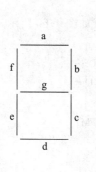

IN (LSD)	OUT gfe dcba	段显示	IN (LSD)	OUT gfe dcba	段显示
0	0011 1111	0	8	0111 1111	8
1	0000 0110	1	9	0110 0111	9
2	0101 1011	2	A	0111 0111	A
3	0100 1111	3	B	0111 1100	B
4	0110 0110	4	C	0011 1001	C
5	0110 1101	5	D	0101 1110	D
6	0111 1101	6	E	0111 1001	E
7	0000 0111	7	F	0111 0001	F

图 4-57 段码指令 (SEG) 的七段显示码

段码指令编程应用举例如图 4-58 所示。

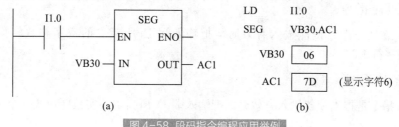

(a)　　　　　　　　　　　　(b)

图 4-58 段码指令编程应用举例

（七）ASCII 码与十六进制数的转换指令

ASCII 码与十六进制数转换指令的梯形图和指令表格式如图 4-60 所示。

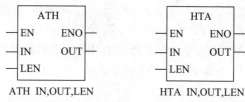

图 4-59 ASCII 码与十六进制数的转换指令

▮▮ 1. ATH 指令

ATH 指令是指当使能输入有效时，把从 IN 指定的字节开始，长度为 LEN 的 ASCII 码转换成十六进制数，并输出到 OUT 所指定的字节存储单元中。ASCII 码字符串的最大长度为 255 个字符。

▮▮ 2. HTA 指令

HTA 指令是指当使能输入有效时，把从 IN 指定的字节开始，长度为 LEN 的十六进制数转换成 ASCII 码，并输出到 OUT 所指定的字节存储单元中，最多可转换 255 位十六进制数。

 chapter 01

 chapter 02

 chapter 03

 chapter 04

 chapter 05

 chapter 06

appendix

（八）整数、双字整数、实数转为 ASCII 码指令

整数、双字整数、实数转为 ASCII 码指令的梯形图和指令表格式如图 4-60 所示。

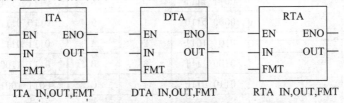

图 4-60 整数、双字整数、实数转为 ASCII 码指令

1. ITA 指令

ITA 指令是指当使能输入有效时，把输入端 IN 所指定的整数转换成一个 ASCII 码字符串。

2. DTA 指令

DTA 指令是指当使能输入有效时，把输入端 IN 所指定的双字整数转换成一个 ASCII 码字符串。

3. RTA 指令

RTA 指令是指当使能输入有效时，把输入端 IN 所指定的实数转换成一个 ASCII 码字符串。

三、S7-200PLC 的高速计数器指令

PLC 中普通计数器受到扫描周期的影响，对高速脉冲的计数会发生脉冲丢失现象，导致计数不准确。高速计数器（HSC，High Speed Counter）脱离主机的扫描周期而独立计数，它可用来累计比 PLC 的扫描频率高得多的输入脉冲（最高可达 30kHz）。高速计数器常用于电动机转速控制等场合，使用时可由编码器将电动机的转速转化为高频脉冲信号，通过对高频脉冲的计数和编程来实现对电动机的控制。

（一）高速计数器指令

高速计数器指令包括高速计数器定义指令（HDEF）、高速计数器激活指令（HSC），指令的梯形图及指令表格式如图 4-61 所示。

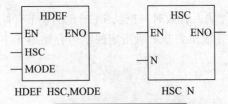

图 4-61 高速计数器指令

S7-200 系列 PLC 中规定了 6 个高速计数器，使用时每个高速计数器都有地址编号 HCn（非正式程序中一般也用 HSCn），n 的取值范围为 0 ～ 5。每个高速计数器包含两个方面的信息：计数器位和计数器当前值，该当前值是一个只读的 32 位双字长的有符号整数。不同的 CPU 模块中可使用的高速计数器是不同的，CPU221 和 CPU222 可以使

用 HC0、HC3、HC4 和 HC5；CPU224 和 CPU226 可以使用 HC0 ～ HC5。

（二）指令功能

高速计数器定义指令（HDEF）：HSC 端口指定高速计数器的编号，为 0 ～ 5 的常数；MODE 端口指定工作模式，为 0 ～ 11 的常数（各高速计数器至多有 12 种工作模式）。当 EN 端口执行条件存在时，HDEF 指令为指定的高速计数器选定一种工作模式，即用来建立高速计数器与工作模式之间的联系。在一个程序中，每个高速计数器只能使用一次 HDEF 指令。

高速计数器激活指令（HSC）：当 EN 端口执行条件存在时，根据高速计数器特殊存储器位的状态，按照 HDEF 指令所指定的工作模式，设置高速计数器并控制其工作。操作数 N 指定了高数计数器编号，为 0 ～ 5 的常数。

（三）高速计数器的工作模式及输入端子分配

每种高速计数器都有多种功能不相同的工作模式，所使用的输入端子也不相同，主要分为脉冲输入端子、方向控制输入端子、复位输入端子、启动输入端子等，如表4-12、表 4-13 所示。

表 4-12 HSC0、HSC3 ～ HSC5 的外部输入信号及工作模式

运行模式	HSC0			HSC3	HSC4			HSC5
	I0.0	I0.1	I0.2	I0.1	I0.3	I0.4	I0.5	I0.4
0	计数			计数	计数			计数
1	计数		复位		计数		复位	
3	计数	方向			计数	方向		
4	计数	方向	复位		计数	方向	复位	
6	增计数	减计数			增计数	减计数		
7	增计数	减计数	复位		增计数	减计数	复位	
9	A 相计数	B 相计数			A 相计数	B 相计数		
10	A 相计数	B 相计数	复位		A 相计数	B 相计数	复位	

表 4-13 HSC1、HSC2 的外部输入信号及工作模式

运行模式	HSC1				HSC2			
	I0.6	I0.7	I1.0	I1.1	I1.2	I1.3	I1.4	I1.5
0	计数				计数			
1	计数		复位		计数		复位	
2	计数		复位	启动	计数		复位	启动
3	计数	方向			计数	方向		
4	计数	方向	复位		计数	方向	复位	
5	计数	方向	复位	启动	计数	方向	复位	启动
6	增计数	减计数			增计数	减计数		
7	增计数	减计数	复位		增计数	减计数	复位	

续表

运行模式	HSC1				HSC2			
	I0.6	I0.7	I1.0	I1.1	I1.2	I1.3	I1.4	I1.5
8	增计数	减计数	复位	启动	增计数	减计数	复位	启动
9	A相计数	B相计数			A相计数	B相计数		
10	A相计数	B相计数	复位		A相计数	B相计数	复位	
11	A相计数	B相计数	复位	启动	A相计数	B相计数	复位	启动

从表中可以看出，高速计数器的工作模式主要分为 4 类。

（1）带内部方向控制的单向增 / 减计数器（模式 0 ～ 2），它有一个计数输入端，没有外部控制方向的输入信号，由内部控制计数方向，只能进行单向增计数或减计数。例如，HSC1 的模式 0，其计数方向控制位为 SM47.3，当该位为 0 时为减计数，该位为 1 时为增计数。

（2）带外部方向控制的单向增 / 减计数器（模式 3 ～ 5），它由外部输入信号控制计数方向，有一个计数输入端，只能进行单向增计数或减计数。例如 HSC2 的模式 3，I1.3 为 0 时为减计数，I1.3 为 1 时为增计数。

（3）带增减计数输入的双向计数器（模式 6 ～ 8），它有两个计数输入端：一个为增计数输入，一个为减计数输入。

（4）A/B 相正交计数器（模式 9 ～ 11），它有两个计数脉冲输入端：A 相计数脉冲输入端和 B 相计数脉冲输入端。A/B 相正交计数器利用两个输入脉冲的相位确定计数方向，当 A 相计数脉冲超前于 B 相脉冲计数脉冲时为增计数，反之为减计数。

（四）高速计数器的控制位、当前值、预置值及状态位定义

要正确使用高速计数器，必须正确设置高速计数器的控制位、当前值、预置值及状态位。其中，状态位表明了高速计数器的工作状态，可以作为编程的参考点。

1. 高速计数器的控制位

每个高速计数器都有一个控制字节，如表 4-14 所示。通过对控制字节的编程来确定计数器的工作方式。例如：复位及启动输入可以设置为高电平有效还是低电平有效；可设置正交计数器的计数倍率；可设置在高速计数器运行过程中是否允许改变计数方向；是否允许更新当前值和预置值；是否允许执行高速计数器指令。

表 4-14 高速计数器的控制字节

HSC0	HSC1	HSC2	HSC3	HSC4	HSC5	控制位功能描述
SM37.0	SM47.0	SM57.0		SM147.0		复位有效电平控制位；0（高电平有效），1（低电平有效）
	SM47.1	SM57.1				启动有效电平控制位；0（高电平有效），1（低电平有效）
SM37.2	SM47.2	SM57.2		SM147.2		正交计数器计数速率选择，0(4X),1(1X)

HSC0	HSC1	HSC2	HSC3	HSC4	HSC5	控制位功能描述
SM37.3	SM47.3	SM57.3	SM137.3	SM147.3	SM157.3	计数方向控制位；0（减计数），1（增计数）
SM37.4	SM47.4	SM57.4	SM137.4	SM147.4	SM157.4	向 HSC 中写入计数方向；0（不更新），1（更新计数方向）
SM37.5	SM47.5	SM57.5	SM137.5	SM147.5	SM157.5	向 HSC 中写入预置值，0（不更新），1（更新预置值）
SM37.6	SM47.6	SM57.6	SM137.6	SM147.6	SM157.6	向 HSC 中写入新的当前值，0（不更新），1（更新当前值）
SM37.7	SM47.7	SM57.7	SM137.7	SM147.7	SM157.7	HSC 允许，0（禁止 HSC），1（允许 HSC）

2. 高速计数器的当前值和预置值的设置

每个高速计数器都有一个当前值和预置值，表4-15 为当前值和预置值单元分配表。当前值和预置值都是有符号双字整数。必须将当前值和预置值存入表 4-15 所示的特殊存储器中，然后执行 HSC 指令，才能够将新值传送给高速计数器。

表 4-15 高速计数器的当前值和预置值

HSC0	HSC1	HSC2	HSC3	HSC4	HSC5	说明
SMD38	SMD48	SMD58	SMD138	SMD148	SMD158	新当前值
SMD38	SMD42	SMD52	SMD62	SMD142	SMD152	新预置值

3. 高速计数器的状态位

每个高速计数器都有一个状态字节，其中某些位表明了当前计数方向、当前值是否等于预置值、当前值是否大于预置值的状态，具体如表 4-16 所示。可以通过监视高速计数器的状态位产生相应中断请求，来完成重要的操作。

表 4-16 高速计数器的状态位

HSC0	HSC1	HSC2	HSC3	HSC4	HSC5	状态位功能描述
SM36.0 ~ SM36.4	SM46.0 ~ SM46.4	SM56.0 ~ SM56.4	SM136.0 ~ SM136.4	SM146.0 ~ SM146.4	SM156.0 ~ SM156.4	不用
SM36.5	SM46.5	SM56.5	SM136.5	SM146.5	SM156.5	当前计数方向状态位：0（减计数）、1（增计数）
SM36.6	SM46.6	SM56.6	SM136.6	SM146.6	SM156.6	当前值等于预置值状态位：0（不等）、1（相等）
SM36.7	SM46.7	SM56.7	SM136.7	SM146.7	SM156.7	当前值大于预置值状态位：0（小于等于）、1（大于）

高速计数器应用举例如图 4-62 所示。

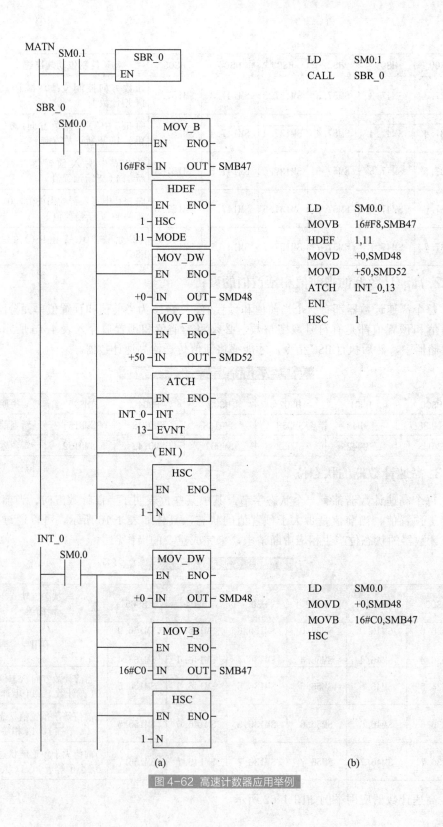

图 4-62 高速计数器应用举例

四、S7-200PLC 的 PID 回路控制指令

PID 算法是过程控制领域中技术成熟、使用广泛的控制方法。在较早的 PLC 中并没有 PID 的现成指令，只能通过数学运算指令实现 PID 功能，但随着 PLC 技术的发展，很多品牌的 PLC 都增加了 PID 功能，有些是专用模块，有些是指令形式，都大大扩展了 PLC 的应用范围。在 S7-200 系列 PLC 中，是通过 PID 回路指令来实现 PID 功能的。

（一）PID 算法简介

在闭环控制系统中，PID 控制器（即比例－积分－微分控制）用于调节回路的输出。PID 回路的输出 M 是时间 t 的函数，可以看成是比例项、积分项和微分项三项之和。即：

$$M(t) = K_c e + K_I \int_0 e \mathrm{d}t + M_{\mathrm{initial}} + K_D \mathrm{d}e / \mathrm{d}t \tag{4-1}$$

式中　$M(t)$——PID 回路的输出，是时间函数；

　　　　K_c——PID 回路的增益；

　　　　K_I——积分项的系数；

　　　　e——PID 回路的偏差；

　　　　K_D——微分项的系数；

　　　　M_{initial}——PID 回路的初始值。

利用数字计算机处理这个函数关系式，必须将连续函数离散化，即对偏差周期采样并离散化，同时各信号也离散化后，计算输出值。公式如下：

$$M_n = K_c \times (SP_n - PV_n) + K_c \times T_S / T_I \times (SP_n - PV_n) + MX + K_c \times T_D / T_s \times (PV_{n-1} - PV_n) \tag{4-2}$$

式中　M_n——在第 n 个采样时刻 PID 回路输出的计算值；

　　　　K_c——PID 回路的增益；

　　　　SP_n——第 n 个采样时刻的给定值；

　　　　PV_n——第 n 个采样时刻的过程变量值；

　　　　T_s——采样周期；

　　　　T_I——积分时间常数；

　　　　MX——积分前项值；

　　　　T_D——微分时间常数；

　　　　PV_{n-1}——第 n-1 个采样时刻的过程变量值。

积分项前值 MX 是第 n 个采样周期前所有积分项之和。在每次计算出积分项之后，都要用该项去更新 MX。在第一次计算时，MX 的初值被设置为 M_{initial}（初值）。

公式中包含 9 个用来控制和监视 PID 运算的参数，这些参数分别是过程变量当前值 PV_n，过程变量前值 PV_{n-1}，给定值 SP_n，输出值 M_n，增益 K_c，采样时间 T_s，积分时间 T_I，微分时间 T_D 和积分项前值 MX。在使用 PID 指令时要构成回路表，36 个字节的回路表格式如表 4-17 所示。

chapter 01

chapter 02

chapter 03

chapter 04

chapter 05

chapter 06

appendix

表 4-17 PID 回路表格式

地址偏移量	变量名	数据类型	I/O 类型	描述
0	过程变量 PV_n	实数	I	在 0.0～1.0 内
4	给定值 SP_n	实数	I	在 0.0～1.0 内
8	输出值 M_n	实数	I/O	在 0.0～1.0 内
12	增益 K_c	实数	I	比例常数，可正可负
16	采样时间 T_s	实数	I	单位为 s，正数
20	积分时间 T_I	实数	I	单位为分钟，正数
24	微分时间 T_D	实数	I	单位为分钟，正数
28	积分项前值 MX	实数	I/O	在 0.0～1.0 内
32	过程变量前值 PV_{n-1}	实数	I/O	最近一次 PID 运算的过程变量值，在 0.0～1.0 内

（二）PID 回路指令

PID 回路指令是指当 EN 端口执行条件存在时，运用回路表中的输入信息和组态信息，进行 PID 运算。指令的梯形图和指令表格式如图 4-63 所示。

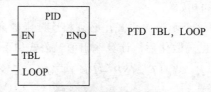

图 4-63 PID 回路指令

该指令有两个操作数：TBL 和 LOOP。其中，TBL 是回路表的起始地址，操作数限用 VB 区域（BYTE 型）；LOOP 是回路号，可以是 0 到 7 的整数。在程序中最多可以用 8 条 PID 指令，PID 指令不可重复使用同一回路号（即使这些指令的回路表不同），否则会产生不可预料的结果。若要以一定的采样频率进行 PID 运算，采样时间必须输入回路表，且 PID 指令必须编入定时发生的中断程序，或者在主程序中由定时器控制 PID 指令的执行频率。

（三）选择 PID 回路的类型

在大部分模拟量的控制系统中，使用的回路控制类型并不是比例、积分和微分三者俱全，有些控制系统只需要比例、积分、微分其中的一种或两种控制类型。可以通过设置相关参数来选择所需的回路控制类型。

 知识链接

（1）如只需要比例、微分回路控制，可以把积分时间常数 T_I 设置为无穷大。此时虽然由于有初值 MX 使积分项不为 0，但积分作用可以忽略。

（2）如只需要比例、积分回路控制，可以把微分时间常数 T_D 设置为 0，微分作用即被关闭。

（3）如只需要积分或微分回路，则可以把比例增益 K_c 设置为 0.0，在计算积分项和微分项时，系统把回路增益 K_c 当做 1.0。

（四）PID 回路指令的控制方式

S7-200 系列 PLC 中，PID 回路指令没有控制方式的设置。所谓自动方式，是指只要 EN 端输入有效，就周期性地执行 PID 指令。而手动方式是指 PID 功能框的允许输入 EN 无效时，不执行 PID 指令。

在程序运行过程中，只要 EN 端检测到一个正跳变（从 0 到 1）信号，PID 回路就从手动方式切换到自动方式。为了达到无扰动切换，在手动控制过程中，必须将当前输入值填入回路表中的 Mn 栏，用来初始化输出值 Mn，且进行一系列操作，以保证手动方式无扰动地切换到自动方式。

置给定值 SP_n= 过程变量 PV_n，

置过程变量前值 PV_{n-1}= 过程变量当前值 PV_n，

置积分项前值 MX= 输出值 M_n。

（五）回路输入／输出变量的数值转换

使用 PID 指令时，应对采集到的数据和计算出来的 PID 控制结果数据进行转换及标准化，数值转换及标准化的步骤如下所述。

1. 回路输入变量的转换和归一化处理

每个 PID 回路有两个输入变量：给定值 SP 和过程变量 PV。其中，给定值通常是一个固定的值，如温度控制中的温度给定值；过程变量就是温度的测量值，与 PID 回路的输出有关，并反映了控制的效果。

给定值和过程变量都是实际工程物理量，其幅度、范围和测量单位都可以不一样。执行 PID 指令前必须把它们进行标准化处理，即用程序把它们转换成浮点型实数值。

第一步，把 A/D 模拟量单元输出的 16 位整数值转换成实数值。

程序如下。

```
XORD   AC0,AC0      // 将累加器 AC0 清 0
ITD    AIW0,AC0     // 把待变换的模拟量转换为双字整数并存入 AC0
DTR    AC0,AC0      // 把 32 位双字整数转换为实数
```

第二步，实数的归一化处理。即把实数值转化为 0.1～1.0 内的实数。归一化的公式为

$$R_{nom} = (R_{raw} / S_{pan} + Off_{set})\qquad(4-3)$$

式中　R_{nom}——标准化的实数值；

R_{raw}——未标准化的实数值；

Off_{set}——补偿值或偏差，对于单极性为 0.0，对于双极性为 0.5；

S_{pan}——值域大小，为最大允许值减去最小允许值，对于单极性为 32000（典型值），对于双极性为 64000（典型值）。

双极性实数归一化程序如下（在程序设计中，可紧接上面的程序）。

```
/R     64000.00,AC0   // 将累加器中的实数值除以 64000.00
+R     0.5,AC0         // 加上偏值，使其在 0.0～1.0 内
MOVR   AC0,VD100       // 将归一化结果存入回路表
```

2.回路输出变量的数据转换

回路输出变量是用来控制外部设备的，如控制水泵的速度。PID运算的输出值是$0.0 \sim 1.0$内的标准化了的实数值，在将输出变量传送给D/A模拟量单元之前，必须把回路输出变量转换成相应的整数。这一过程是实数标准化的逆过程。

第一步，回路输出变量的刻度化。把回路输出的标准化实数转换成实数，公式如下。

$$R_{\text{scal}} = (M_{\text{n}} - Off_{\text{set}})S_{\text{pan}} \tag{4-4}$$

式中　R_{scal}——回路输出的刻度化实数值；

　　　M_{n}——回路输出的标准化实数值。

回路输出变量的刻度化程序如下。

```
MOVR  VD108,AC0     // 将回路输出值放入 AC0
-R    0.5,AC0       // 对双极性输出，减去 0.5 的偏值（单极性无此句）
*R    64000.0,AC0   // 将 AC0 中的值按工程量标定
```

第二步，把回路输出变量的刻度值转换成整数（INT），并输出。其程序如下：

```
ROUND  AC0,AC0      // 把实数转换为 32 位整数
DTI    AC0,AC0      // 把双字整数转换为整数
MOVW   AC0,AQW0     // 把输出值输出到模拟量输出寄存器
```

3.变量的范围

过程变量和给定值是进行PID运算的输入变量，因此，这两个变量只能被回路指令读取而不能改写。

输出变量是由PID运算所产生的，在每次PID运算完成之后，应把新输出值写入回路表。输出值应是$0.0 \sim 1.0$内的实数。

如果使用积分控制，积分项前值MX必须根据PID运算结果更新。每次PID运算后更新了的积分项前值要写入回路表，作为下一次PID运算的输入。如果输出值超过范围（大于1.0或小于0.0），那么积分项前值应根据下列公式进行调整：

$$MX=1.0-(MP_n-MD_n) \qquad 当计算输出值 M_n>1.0 时$$

$$MX=-(MP_n-MD_n) \qquad 当计算输出值 M_n<0.0 时$$

式中　MX——经过调整了的积分项前值；

　　　MP_n——第n个采样时刻的比例项；

　　　MD_n——第n个采样时刻的微分项。

修改回路表中积分项前值时，应保证MX的值在$0.0 \sim 1.0$内。调整积分项前值后，使输出值回到$0.0 \sim 1.0$内，可以使系统的响应性能提高。

📻 任务实施

在知识准备中，主要介绍了S7-200 PLC的数学运算类指令、数据转换类指令、高速计数器指令、PID回路控制指令完成电动机转速测量控制系统所需要的相关知识。接下来讲解该任务实施的方法和步骤。

一、确定控制方案

电动机转速测量控制系统采用 PLC 单机控制，系统控制流程图如图 4-64 所示。

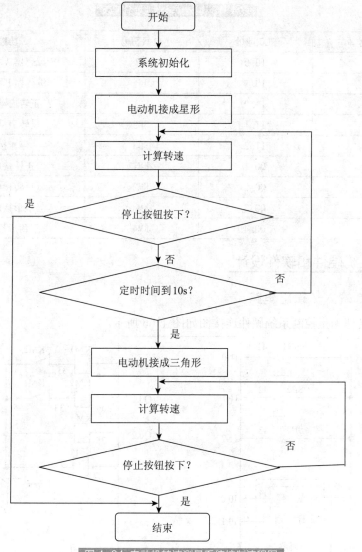

图 4-64 电动机转速测量系统控制流程图

二、选择 PLC 类型

本任务中，只用到了 5 个数字量输入点作为电动机转速测量系统的正反转启停控制、编码器的脉冲输入端等，为控制电动机的正反转和星三角启动，需要 4 个数字量输出点。不需要模拟量 I/O 通道，一般的 PLC 都能够胜任。通过分析，PLC 类型选用 S7-200，CPU 类型选用 CPU226 DC/DC/DC。CPU 自带的高速计数器能进行双向计数，计数频率最高可达 20kHz，在转速测量精度要求不高的情况下可以满足系统需要。

三、PLC 的 I/O 地址分配

电动机转速测量控制系统的 I/O 地址分配表如表 4-18 所示。

表 4-18 输入 / 输出地址分配表

序号	PLC 地址	电气符号	功能
1	I0.0	AP	编码器 A 相脉冲
2	I0.1	BP	编码器 B 相脉冲
3	I1.0	SB1	正转启动按钮
4	I1.1	SB2	反转启动按钮
5	I1.2	SB3	停止按钮
6	Q0.1	KM1	正转接触器
7	Q0.2	KM2	反转接触器
8	Q0.3	KM3	星形接触器
9	Q0.4	KM4	三角形接触器

四、系统硬件和软件设计

（一）PLC 输入 / 输出电路

电机转速测量控制系统硬件连接图如图 4-65 所示。

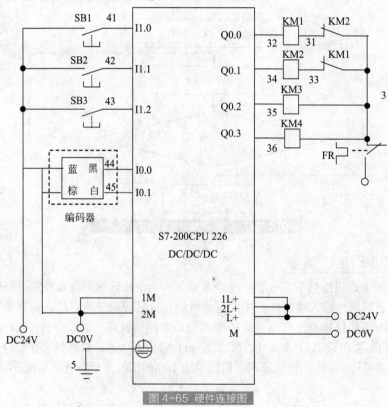

图 4-65 硬件连接图

（二）程序设计

根据控制要求设计出梯形图程序，如图 4-66 所示。

主程序：

网络1 初始化子程序

```
SM0.1      ┌─────────┐
──┤ ├──────┤ SBR_0   │
           │ EN      │
           └─────────┘
```

网络2 电动机正转启动,先接成星形连接

```
SM0.1    I1.2    T37    I1.1    Q0.1                    M0.0
──┤ ├────┤/├────┤/├────┤/├────┤/├──────────────────────( )

M0.0                                               T37
──┤ ├─                                          ┌──────────┐
                                                │IN    TON │
                                          100 ──┤PT   100ms│
                                                └──────────┘
```

网络3 正转启动10s后,接成三角形连接

```
T37      I1.2    I1.1    Q0.1    M0.1
──┤ ├────┤/├────┤/├────┤/├──────( )

M0.1
──┤ ├─
```

网络4 电动机反转启动,先接成星形连接

```
I1.1     I1.2    T38    I1.0    Q0.0                    M0.2
──┤ ├────┤/├────┤/├────┤/├────┤/├──────────────────────( )

M0.2                                               T38
──┤ ├─                                          ┌──────────┐
                                                │IN    TON │
                                          100 ──┤PT   100ms│
                                                └──────────┘
```

网络5 反转启动10s后,接成三角形连接

```
T38      I1.2    I1.0    Q0.0    M0.3
──┤ ├────┤/├────┤/├────┤/├──────( )

M0.3
──┤ ├─
```

网络6 电动机正转输出处理

```
M0.0        Q0.0
──┤ ├────────( )

M0.1
──┤ ├─
```

网络7 电动机反转输出处理

```
M0.2        Q0.1
──┤ ├────────( )

M0.1
──┤ ├─
```

主程序MAIN

程序初始化，PLC上电运行的第一个扫描周期执行一次初始化子程序SBR_0，用于程序运行的初始设置

chapter 01
chapter 02
chapter 03
chapter 04
chapter 05
chapter 06
appendix

◄ ► ►│ 主程序 ╲ SBR_0 ╲ INT_0 ╱

初始化子程序

网络1

子程序SBR_0

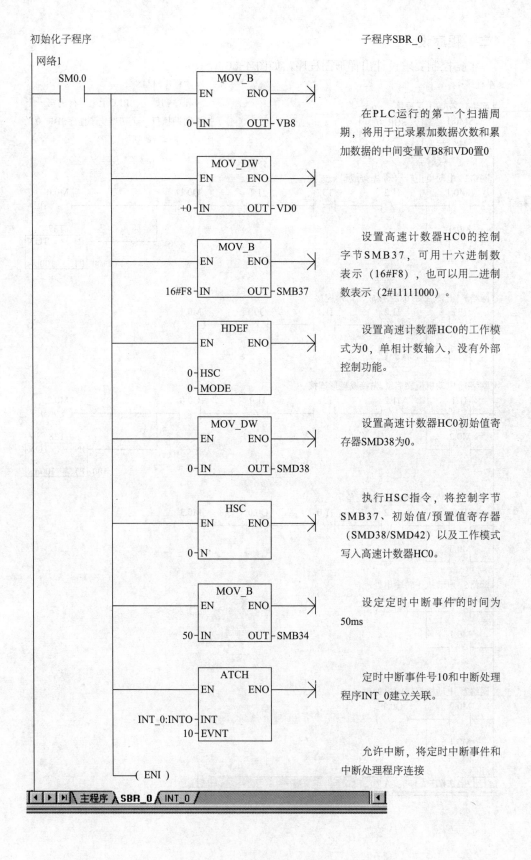

在PLC运行的第一个扫描周期，将用于记录累加数据次数和累加数据的中间变量VB8和VD0置0

设置高速计数器HC0的控制字节SMB37，可用十六进制数表示（16#F8），也可以用二进制数表示（2#11111000）。

设置高速计数器HC0的工作模式为0，单相计数输入，没有外部控制功能。

设置高速计数器HC0初始值寄存器SMD38为0。

执行HSC指令，将控制字节SMB37、初始值/预置值寄存器（SMD38/SMD42）以及工作模式写入高速计数器HC0。

设定定时中断事件的时间为50ms

定时中断事件号10和中断处理程序INT_0建立关联。

允许中断，将定时中断事件和中断处理程序连接

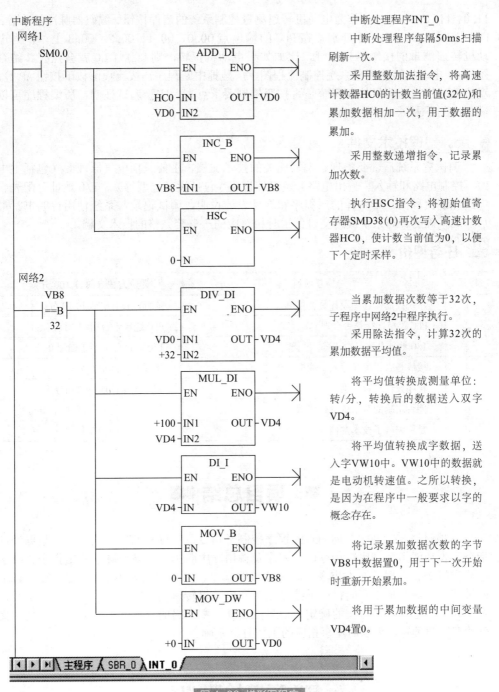

图4-66 梯形图程序

中断处理程序INT_0

中断处理程序每隔50ms扫描刷新一次。

采用整数加法指令，将高速计数器HC0的计数当前值(32位)和累加数据相加一次，用于数据的累加。

采用整数递增指令，记录累加次数。

执行HSC指令，将初始值寄存器SMD38(0)再次写入高速计数器HC0，使计数当前值为0，以便下个定时采样。

当累加数据次数等于32次，子程序中网络2中程序执行。

采用除法指令，计算32次的累加数据平均值。

将平均值转换成测量单位：转/分，转换后的数据送入双字VD4。

将平均值转换成字数据，送入字VW10中。VW10中的数据就是电动机转速值。之所以转换，是因为在程序中一般要求以字的概念存在。

将记录累加数据次数的字节VB8中数据置0，用于下一次开始时重新开始累加。

将用于累加数据的中间变量VD4置0。

五、系统调试

本任务采用模拟调试的方法对程序进行检查。在 PLC 实验室可以对电动机转速测量实现模拟调试，根据图 4-65 PLC 输入／输出接线图，对电动机转速测量模拟系统进行接线，按钮 AP、BP、SB1~SB3 分别接在 S7-200 PLC 的输入点 I0.0、I0.1、

I1.0、I1.1、I1.2 上，作为电动机转速测量控制系统的启停按钮、编码器脉冲输入等；LED 灯 L0、L1、L2、L3 分别接在 PLC 的输出点 Q0.0、Q0.1、Q0.2、Q0.3 上，作为电动机转速测量的接触器指示灯，比如如果电动机正转，则 LED 灯 L0 就会点亮。结合图 4-64 电动机转速测量系统控制流程图，屏蔽掉中断程序，按流程图按下按钮 AP 等，观察电动机转速测量控制系统是否按照控制要求点亮。实验调试证明，所编程序可以满足控制要求。

■ 六、整理技术文件

调试完系统后，要整理、编写相关的技术文档，主要包括电气原理图（包括主电路、控制电路和输入/输出电路）及设计说明（包括设备选型等），I/O 地址分配表、电路控制流程图，带注释的原程序和软件设计说明，调试记录，系统使用说明书。最后形成正确的、与系统最终交付使用时相对应的一整套完整的技术文档。

🍎 任务评价

序号	检查项目	评价方式（总分 100 分）
1	系统控制流程图设计是否正确	流程图设计有误扣 10 分
2	PLC 类型选择是否合理	PLC 选择不合理扣 10 分
3	I/O 地址分配是否正确	I/O 地址分配不正确记 0 分
4	接线是否正确（输入、输出、电源）	接线不正确记 0 分
5	程序设计是否正确	程序无法调通酌情扣分
6	能否正确的对系统进行调试	不会对系统进行调试扣 20 分
7	是否编写了技术文档	无技术文档扣 5 分

▰▰▰ 项目总结 ▰▰▰

本项目对 S7-200 系列 PLC 的程序控制类指令、移位和循环移位指令、数据处理指令、表功能指令、比较指令、子程序及调用、中断指令，高速脉冲输出指令、数学运算类指令、数据转换类指令、高速计数器指令、PID 回路控制指令等知识作了详细的讲解。并对机加工车间机械手控制系统和电动机转速测量控制系统的设计作了较详细的介绍，包括控制方案的确定、设备的选择、主电路的设计、系统的调试、技术文件的编写整理等，为以后从事相应的工作打下基础。

▰▰▰ 项目检测 ▰▰▰

1. 已知 VB10=18，VB20=30，VB21=33，VB32=98。将 VB10，VB20，VB21，VB32 中的数据分别送到 AC1，VB200，VB201，VB202 中。写出梯形图及指令表程序。

2. 将 VW100 开始的 20 个字的数据送到 VW200 开始的存储区。

3. 编程实现下列控制功能：假设有 8 个指示灯，从右到左以 0.5s 的速度依次点亮，任意时刻只有一个指示灯亮，到达最左端，再从右到左依次点亮。

4. 用移位指令设计一个数码管循环点亮的控制系统，其控制要求如下：

（1）手动时，每按一次按钮数码管显示数值加 1，由 0～9 依次点亮，并实现循环；

（2）自动时，每隔一秒数码管显示数值加 1，由 0～9 依次点亮，并实现循环。

5. 设计一个用 PLC 以 BCD 码输出的方式控制数码管循环显示数字 0、1、2、⋯⋯、9 的控制系统。

（1）程序开始后显示 0，延时 1s 后，显示 1，延时 2s 后，显示 2，⋯⋯显示 9，延时 10s 后，再显示 0，如此循环不止；

（2）按停止按钮时，程序无条件停止运行；

（3）需要连接数码管。

6. 编写一个输入 / 输出中断程序，要求实现：

（1）从 0 到 255 的计数；

（2）当输入端 I0.0 为上升沿时，执行中断程序 0，程序采用加计数；

（3）当输入端 I0.0 为下降沿时，执行中断程序 1，程序采用减计数；

（4）计数脉冲为 SM0.5。

7. 8 个 12 位二进制数据存放在 VW10 开始的存储区内，在 I0.2 的上升沿，用循环指令求它们的平均值，并将结果存放在 VW20 中，设计出语句表程序。

8. 首次扫描时给 Q0.0～Q0.7 置初值，用 T32 中断定时，控制接在 Q0.0～Q0.7 上的 8 个彩灯循环左移，每秒移位 1 次，设计出语句表程序。

9. 某设备有四台电动机（M1、M2、M3、M4），分别拖动四条传输带，启动时按照 M1→M2→M3→M4 的顺序（顺向）依次启动，启动时间间隔为 5s；停止时按照 M4→M3→M2→M1 顺序（逆向）依次停止，停止时间间隔为 5s；在启动过程中，若按下了停止按钮，则实现逆向停止；在停止过程中，若按下了启动按钮，则实现顺向启动。设计其梯形图程序。

10. 编写实现脉宽调制 PWM 的程序。要求：从 PLC 的 Q0.1 输出高速脉冲，脉宽的初始值为 0.5s，周期固定为 5s，其脉宽每周期递增 0.5s，当脉宽达到设定的 4.5s 时，脉宽改为每周期递减 0.5s，直到脉宽减为 0，以上过程重复执行。

11. 如果 MW4 中的数小于等于 IW2 中的数，令 M0.1 为 1 并保持，反之将 M0.1 复位为 0，设计语句表程序。

12. 用算术运算指令完成下列的运算：

（1）6^3

（2）求 COS60°

13. 编写一高速计数器程序，要求：

（1）首次扫描时调用一个子程序，完成初始化操作；

（2）用高速计数器 HSC1 实现加计数，当计数值 =200 时，将当前值清 0。

14. 半径（<10000 的整数）在 VW20 中，取圆周率为 3.1416，用浮点数运算指令计算圆周长，运算结果四舍五入转换为整数后，存放在 VW30 中。

15. 在 I0.0=1 的上升沿，求 VW100～VW108 中 5 个字的累加和，试设计该控制程序。

16. 用实时时钟指令控制路灯，在 5 月 1 日—10 月 31 日 19:30 开灯，06:00 关灯；在 11 月 1 日—明年 4 月 30 日 18:30 开灯，07:00 关灯。试设计该程序。

17. 求 430 的平方根，并将结果存储在 VD30 中。

18. 编写语句表程序，用字节逻辑运算指令，将 VB10 的高 4 位设为 2#1001，低 4 位不变。

项目五

PLC 的通信与网络

项目导读

> 供水供电是生活中不可缺少的部分，本项目主要通过"供水供电控制系统"的设计，学习可编程控制器的"通信"功能。

项目要点

本项目主要带领大家学习可编程控制器系统的通信与网络的相关知识，主要包括以下几点：

- 1. 通信及网络基础
- 2. 西门子 PLC 通信协议
- 3. S7-200 通信网络

任务：设计与实现供水供电控制系统

任务引入

在日常生活中，供水供电系统随处可见，如何实现对其的控制、监控，来更好、更方便地为生活服务，希望你能够通过 PLC 编程、通信实现。

对控制系统的要求：针对某办公楼，应用 S7-200 PLC 设计开发供水供电系统，并通过上位机进行监控。控制要求如下：

（1）假设办公楼为三层，针对每一层分别控制供水供电；

（2）上位机监控程序通过可视化程序设计语言 VB6.0 设计实现。

任务分析

该任务主要包括控制部分 PLC 和上位机监控系统等。

在完成该任务的控制系统设计之前，先学习 PLC 的相关知识，下面就德国西门子 S7-200 PLC 与本任务相关的理论知识进行详解。

知识准备

一、通信及网络基础

PLC 通信是指 PLC 与 PLC、PLC 与计算机、PLC 与现场设备或远程 I/O 之间的信息交换。

（一）网络通信协议基础

1. OSI 模型

国际标准化组织（ISO, International Standard Organization）于 1978 年提出了开放系统互联（OSI, Open Systems Interconnection）的模型，它所用的通信协议一般为 7 层，如图 5-1 所示。

图 5-1 开放系统互联模型

OSI 模型将整个通信功能划分为七个层次，划分层次的原则是：

（1）网络中各节点都有相同的层次。

（2）不同节点的同等层次具有相同的功能。

（3）同一节点的相邻层之间通过接口通信。

（4）每一层使用下层提供的服务，并向其上层提供服务。

（5）不同节点的同等层按照协议实现对等层之间的通信。

██ 2. 物理层（Physical Layer）

该层用于规定通信设备的机械的、电气的、功能的和过程的特性，用以建立、维护和拆除物理链路连接。具体地讲，机械特性规定了网络连接时所需接插件的规格尺寸、引脚数量和排列情况等；电气特性规定了在物理连接上传输比特流时线路上信号电平的大小、阻抗匹配、传输速率距离限制等；功能特性是指对各个信号先分配确切的信号含义，即定义了 DTE 和 DCE 之间各个线路的功能；过程特性定义了利用信号线进行比特流传输的一组操作规程，是指在物理连接的建立、维护、交换信息时，DTE 和 DCE 双方在各自电路上的动作序列。

 知识链接

（1）在这一层，数据的单位称为比特（bit）。

（2）属于物理层定义的典型规范代表包括 EIA/TIA RS-232、EIA/TIA RS-449、V.35、RJ-45 等。

██ 3. 数据链路层（DataLink Layer）

该层是在物理层提供比特流服务的基础上，建立相邻结点之间的数据链路，通过差错控制提供数据帧（frame）在信道上无差错的传输，并进行各电路上的动作系列。

数据链路层在不可靠的物理介质上提供可靠的传输。该层的作用包括物理地址寻址、数据的成帧、流量控制和数据的检错、重发等。

 知识链接

（1）在这一层，数据的单位称为帧（frame）。

（2）数据链路层协议的代表包括 SDLC、HDLC、PPP、STP、帧中继等。

██ 4. 网络层（Network Layer）

在计算机网络中，进行通信的两个计算机之间可能会经过很多个数据链路，也可能还要经过很多通信子网。网络层的任务就是选择合适的网间路由和交换结点，以确保数据被及时传送。网络层将数据链路层提供的帧组成"数据包"，包中封装有网络层包头，其中含有逻辑地址信息源站点和目的站点地址的网络地址。

如果你在谈论一个 IP 地址，那么你是在处理第三层的问题，这是"数据包"问题，而不是第二层的"帧"。IP 是第三层问题的一部分，此外还有一些路由协议和地址解析协议（ARP）。有关路由的一切事情都在第三层处理。地址解析和路由是第三层的重要目的。网络层还可以实现拥塞控制、网际互联等功能。

 知识链接

（1）在这一层，数据的单位称为数据包（packet）。

（2）网络层协议的代表包括 IP、IPX、RIP、OSPF 等。

5. 传输层 (Transport Layer)

该层是处理信息的传输层。第四层的数据单元也称为数据包（packet）。但是，在谈论 TCP 等具体的协议时又有特殊的叫法，TCP 的数据单元称为"段（segments）"，而 UDP 协议的数据单元称为"数据报（datagram）"。这个层负责获取全部信息，因此，它必须跟踪数据单元碎片、乱序到达的数据包和其他在传输过程中可能发生的危险。第四层为上层提供端到端（最终用户到最终用户）的、透明的、可靠的数据传输服务。所谓透明的传输，是指在通信过程中传输层对上层屏蔽了通信传输系统的具体细节。

知识链接

传输层协议的代表包括 TCP、UDP、SPX 等。

6. 会话层 (Session Layer)

这一层也可以称为会晤层或对话层。在会话层及以上的高层次中，数据传送的单位不再另外命名，统称为"报文"。会话层不参与具体的传输，它提供包括访问验证和会话管理在内的建立和维护应用之间通信的机制。例如，服务器验证用户登录便是由会话层完成的。

7. 表示层 (Presentation Layer)

这一层主要解决用户信息的语法表示问题。它将欲交换的数据从适合于某一用户的抽象语法，转换为适合于 OSI 系统内部使用的传送语法，即提供格式化的表示和转换数据服务。数据的压缩和解压缩，加密和解密等工作都由表示层负责。

8. 应用层 (Application Layer)

应用层为操作系统或网络应用程序提供访问网络服务的接口。

应用层协议的代表包括 Telnet、FTP、HTTP、SNMP 等。

通过 OSI 模型层，信息可以从一台计算机的软件应用程序传输到另一台的应用程序上。例如，计算机 A 上的应用程序要将信息发送到计算机 B 的应用程序，则计算机 A 中的应用程序需要将信息先发送到其应用层（第七层），然后此层将信息发送到表示层（第六层），表示层将数据转送到会话层（第五层），如此继续，直至物理层（第一层）。在物理层，数据被放置在物理网络媒介中并被发送至计算机 B。计算机 B 的物理层接收来自物理媒介的数据，然后将信息向上发送至数据链路层（第二层），数据链路层再转送给网络层，依次发送直到信息到达计算机 B 的应用层。最后，计算机 B 的应用层再将信息传送给应用程序接收端，从而完成通信过程。

OSI 模型的七层运用各种各样的控制信息来和其他计算机系统的对应层进行通信。这些控制信息包含特殊的请求和说明，它们在对应的 OSI 层间进行交换。每一层数据的头和尾是两个携带控制信息的基本形式。

对于从上一层传送下来的数据，附加在前面的控制信息称为头，附加在后面的控制信息称为尾。然而，在对来自上一层数据增加协议头和协议尾，对一个 OSI 层来说并不是必需的。

chapter 01
chapter 02
chapter 03
chapter 04
chapter 05
chapter 06
appendix

当数据在各层间传送时，每一层都可以在数据上增加头和尾，而这些数据已经包含了上一层增加的头和尾。协议头包含了有关层与层间的通信信息。头、尾及数据是相关联的概念，它们取决于分析信息单元的协议层。例如，传输层头包含了只有传输层可以看到的信息，传输层下面的其他层只将此头作为数据的一部分传递。对于网络层，一个信息单元由第三层的头和数据组成。对于数据链路层，经网络层向下传递的所有信息即第三层头和数据都被看成是数据。换句话说，在给定的某一 OSI 层，信息单元的数据部分包含来自所有上层的头、尾及数据，这称之为"封装"。

（二）IEEE802 通信标准

IEEE802 通信标准是国际电工与电子工程师学会（IEEE）的 802 分委员会从 1981年至今颁布的一系列计算机局域网分层通信协议标准草案的总称。其中最常用的有三种：带冲突检测的载波侦听多路访问（CSMA/CD）协议、令牌总线（Token Bus）、令牌环（Token Ring）。

1. CSMA/CD 协议

CSMA/CD 协议的基础是 XEROX 公司研制的以太网（Ethernet），各站共享一条广播式的传输总线，每个站都是平等的，采用竞争方式发送信息到传输线上。

CSMA/CD 是一种分布式介质访问控制协议，网中的各个站（节点）都能独立地决定数据帧的发送与接收。每个站在发送数据帧之前，首先要进行载波监听，只有介质空闲时，才允许发送帧。这时，如果两个以上的站同时监听到介质空闲并发送帧，则会产生冲突现象，这使发送的帧都成为无效帧，发送随即宣告失败。每个站必须有能力随时检测冲突是否发生，一旦发生冲突，则应停止发送，以免介质因传送无效帧而被白白浪费，然后随机延时一段时间后，再重新争用介质，重新发送帧。CSMA/CD 协议简单、可靠，其网络系统（如 Ethernet）被广泛使用。

检测冲突的方法很多，通常以硬件技术实现。一种方法是比较接收到的信号的电压大小，只要接收到的信号的电压摆动值超过某一门限值，就可以认为发生了冲突。另一种方法是在发送帧的同时进行接收，将接收到的信号逐比特地与发送的信号相比较，如果有不符合的，就说明出现了冲突。

CSMA/CD 控制规程的核心问题：解决在公共通道上以广播方式传送数据时可能出现的问题（主要是数据碰撞问题）。

控制过程包含四项处理内容：侦听、发送、检测、冲突处理。其中，侦听是通过专门的检测机构，在站点准备发送前先侦听一下总线上是否有数据正在传送（线路是否忙？），若"忙"，则进入后续的"退避"处理程序，进而进一步反复进行侦听工作；若"闲"，则依据算法原则（"X 坚持"算法）决定如何发送。发送是通过发送机构，向总线发送数据。检测是发送数据后，也可能发生数据碰撞，因此要对数据边发送边检测，以判断是否发生了冲突。冲突处理是在确认发生冲突后，进入冲突处理程序。有两种冲突情况：侦听过程中发现线路忙和发送过程中发现数据碰撞。若在侦听过程中发现线路忙，则等待一个延时后再次侦听，若仍然忙，则继续延迟等待，一直到可以发送为止。每次延时的时间不一致，由退避算法确定延时值。若发送过程中发现数据碰撞，先发送阻塞信息强化冲突，再进行侦听工作，以待下次重新发送。

知识链接

（1）CSMA/CD 应用，CSMA/CD 曾经用于各种总线结构以太网（bus topology Ethernet）和双绞线以太网（twisted-pair Ethernet）的早期版本中。现代以太网基于交换机和全双工连接建立，不会有碰撞，因此没有必要使用 CSMA/CD。

（2）CSMA/CD 网络上进行传输时，必须按下列五个步骤来进行：传输前侦听；如果忙则等待；传输并检测冲突；如果发生冲突，重传前等待；重传或夭折。

■ 2. 令牌总线

令牌总线（Token Bus），是一个使用令牌接入到一个总线拓扑的局域网架构。令牌总线被 IEEE 802.4 工作组标准化。

令牌总线是一种在总线拓扑结构中利用"令牌（token）"作为控制节点访问公共传输介质的确定型介质访问控制方法。在采用令牌总线方法的局域网中，任何一个节点只有在取得令牌后才能使用共享总线去发送数据。

知识链接

（1）与 CSMA/CD 方法相比，令牌总线方法比较复杂，需要完成大量的环维护工作，包括环初始化、新结点加入环、结点从环中撤出、环恢复和优先级服务。

（2）若某结点有数据帧要发送，则它必须等待空闲令牌的到来。在此结点获得空闲令牌之后，将令牌标志位由"闲"变为"忙"，然后传送数据。

■ 3. 令牌环

令牌环（Token Ring）是一种 LAN 协议，定义在 IEEE 802.5 中，其中所有的工作站都连接到一个环上，每个工作站只能同直接相邻的工作站传输数据。

令牌环上传输的小的数据（帧）称为令牌，谁有令牌谁就有传输权限。如果环上的某个工作站收到令牌并且有信息发送，那么它就改变令牌中的一位（该操作将令牌变成一个帧开始序列），添加想传输的信息，然后将整个信息发往环中的下一工作站。当这个信息帧在环上传输时，网络中没有令牌，这就意味着其他工作站想传输数据就必须等待，因此令牌环网络中不会发生传输冲突。

在令牌环上，最多只能有一个令牌绕环运动，不允许两个工作站同时发送数据。令牌环从本质上看是一种集中控制式的环，环上必须有一个中心控制工作站负责网络的工作状态的检测和管理。

（三）PLC 通信方式

■ 1. 并行通信与串行通信

并行通信是以字节或字为单位的数据传输方式，除了 8 根（或 16 根）数据线和一根公共线外，还需要数据通信联络用的控制线。在这种方式下，数据的每个比特都使用专用的线路，如图 5-2 所示，一组中的 8 个比特数据就可以在每个时钟脉冲同时从一个设备传输到另一个设备。通常 8 根导线被捆成一根电缆，两端都有连接头。

并行通信的传送速度快，但是传输线的数量多，成本高，一般用于近距离的数据传送，传输距离通常被限制在 25 英尺内。而且在传输过程中，容易因线路因素使电压标准位发生变化，最常见的是电压衰减和信号互相干扰（Cross Talk）问题，使得传输的数据发生错误。

并行通信一般用于 PLC 的内部，如内部元件之间、主机与扩展模块之间或近距离智能模块之间的数据通信。并行通信是以字节或字为单位的数据传输方式。

图 5-2 并行数据通信

串行通信是以二进制的位（bit）为单位的数据传输方式，每次只传送一位，除了地线外，在一个数据传输方向上只需要一根数据线，这根线既作为数据线又作为通信联络控制线，数据和联络信号在这根线上按位进行传送，如图 5-3 所示。另外，因为在设备内部的传输是并行的，所以在发送端和线路之间以及接收端和线路之间的接口上，都需要有转换器（前者是并 / 串转换，后者是串 / 并转换）。

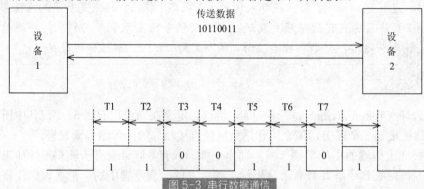

图 5-3 串行数据通信

> **小提示**
>
> 在串行传输方式下，多位二进制数是一位一位被传送的，与并行传输相比，串行传输的传输速度慢，但传输线的数量少，成本比并行传输低，故常用于远距离传输且速度要求不高的场合，如计算机与可编程控制器间的通信、计算机 USB 口与外围设备的数据传送等。

2. 单工通信与双工通信

按串行通信的数据在通信线路上的传送方向可分为单工、半双工和全双工通信方式三种。

（1）单工通信方式　单工通信就是指数据的传送始终保持同一个方向，而不能进行反向传送，如图 5-4 所示。其中，A 端只能作为发送端发送数据，B 端只能作为接收端接收数据。

图 5-4　单工通信方式

（2）半双工通信方式　半双工通信就是指信息流可以在两个方向上传送，但同一时刻只限于一个方向传送，如图 5-5 所示。其中，A 端和 B 端都具有发送和接收的功能，但传送线路只有一条，或者 A 端发送 B 端接收，或者 B 端发送 A 端接收。

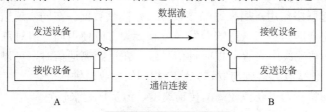

图 5-5　半双工通信方式

（3）全双工通信方式　全双工通信能在两个方向上同时发送和接收，如图 5-6 所示。A 端和 B 端都可以一方面发送数据，一方面接收数据。

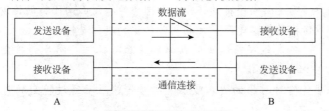

图 5-6　全双工通信方式

■‖ 3. 异步通信与同步通信

在串行通信中，通信的速率与时钟脉冲有关，接收方和发送方的传送速率应相同，但是实际的发送速率与接收速率之间总是有一些微小的差别，如果不采取一定的措施，在连续传送大量的信息时，将会因积累误差而造成错位，使接收方收到错误的信息。为了解决这一问题，需要使发送和接收同步。按同步方式的不同，可将串行通信分为异步通信和同步通信。

在异步通信中，信息以字符为单位进行传输。当发送一个字符代码时，字符前面都具有自己的一位起始位，极性为 0，接着发送 5 到 8 位的数据位、1 位奇偶校验位和 1 到 2 位的停止位，数据位的长度视所传输数据的格式而定，奇偶校验位可有可无，停止位的极性为 1，在数据线上不传送数据时全部为 1。如图 5-7 所示。

| 0 | D0 | D1 | D2 | D3 | D4 | D5 | D6 | D7 | 0/1 | 1 |

图 5-7　异步数据通信格式

异步传输时，一个字符中的各个位是同步的，但字符与字符之间的间隔是不确定的。也就是说，线路上一旦开始传送数据就必须按照起始位、数据位、奇偶校验位、停止位这样的格式连续传送，但传输下一个数据的时间不定，不发送数据时线路保持1状态。

异步传输的优点就是：首先收、发双方不需要严格的位同步，"异步"是指字符与字符之间的异步，字符内部仍为同步；其次，异步传输电路比较简单，链路协议易实现，所以得到了广泛的应用。其缺点是通信效率比较低。

同步通信以字节为单位（一个字节由8个二进制位组成），每次传送1～2个同步字符、若干个数据字节和校验字符。如图5-8所示。

| 同步字符 | 数据字符1 | 数据字符2 … | 数据字符N | CRC1 | CRC2 |

图5-8 同步数据通信格式

同步字符起联络作用，用来通知接收方开始接收数据。在同步通信中，发送方和接收方要保持完全的同步，这意味着发送方和接收方应使用同一时钟脉冲。在近距离通信时，可以在传输线中设置一根时钟信号线；在远距离通信时，可以在数据流中提取出同步信号，使接收方得到与发送方完全相同的接收时钟信号。

同步传输的特点是可获得较高的传输速度，但实现起来较复杂。

知识链接

同步传输与异步传输的区别如下。

（1）异步传输是面向字符的传输，而同步传输是面向比特的传输。

（2）异步传输的单位是字符，而同步传输的单位是帧。

（3）异步传输通过字符起止的开始和停止码抓住再同步的机会，而同步传输则是从数据中抽取同步信息。

（4）异步传输对时序的要求较低，同步传输往往通过特定的时钟线路协调时序。

（5）异步传输相对于同步传输效率较低。

（四）PLC常用通信接口

PLC通信主要采用串行异步通信，其常用的串行通信接口标准有RS-232C、RS-422A和RS-485等。

RS-232C：-5～-15V为"1"，5～15V为"0"，单端驱动、单端接收。

RS-422A：平衡驱动，差分接收；两根导线（A和B），B>A为"1"，B<A为"0"。

RS-485：RS-422A的变形，半双工。

二、西门子PLC通信协议

（一）网络层次结构

西门子公司的生产金字塔由4级组成，由下到上依次是：过程测量与控制级、过程监控级、工厂与过程管理级、公司管理级，如图5-9所示。

公司管理级和工厂与过程管理级的任务是数据通信，主要完成可编程控制器之间或可编程控制器与计算机之间的数据交换，应用工业以太网（Ethernet）和现成总线 PROFIBUS 网实现，特点是传输数据的信息量大、距离远。

过程监控级和过程测量与控制级的任务是过程或现场通信，主要完成可编程控制器与现成执行器/传感器的连接及信号传送，传输数据的距离短，但要求实时性强，应用分布式现场总线 PROFIBUS-DP 和 AS-I 实现，特点是用一根网线代替了成束的电缆，使电缆用量和铺设费用都大大降低。

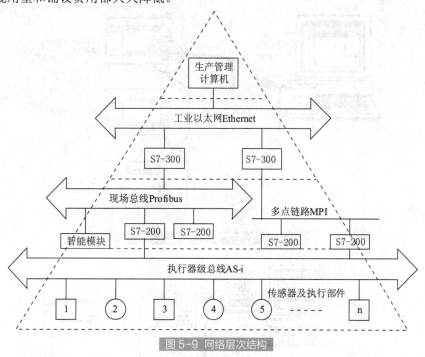

图 5-9 网络层次结构

chapter 01
chapter 02
chapter 03
chapter 04
chapter 05
chapter 06
appendix

（二）通信类型及协议

S7-200 支持的通信协议很多，具体来说有点对点接口（PPI）、多点接口（MPI）、PROFIBUS-DP、AS-I、USS、MODBUS、自由口通信及以太网等。

▌1. PPI 通信方式

PPI 是一个主从协议：主站向从站发出请求，从站作出应答。从站不主动发出信息，而是等候主站向其发出请求或查询，要求其应答。

单主站与一个或多个从站相连（见图 5-10），编程软件 SETP-Micro/WIN 32 每次和一个 S7-200CPU 通信，但是它可以访问网络上的所有 CPU。

▌2. MPI 方式

MPI 允许主站与主站或主站与从站之间的通信。通信网络中有多个主站和一个或多个从站，如图 5-11 所示。图中，带 CP 通信卡的计算机和文本显示器 TD200、操作面板 OP15 是主站，S7-200CPU 可以是从站或主站。MPI 协议总是在两个相互通信的设备之间建立逻辑连接的，允许主/主和主/从两种通信方式。选择何种通信方式依赖于设备类型，如果是 S7-300CPU，由于所有的 S7-300CPU 都必须是网络主站，所以进行主/主通信方式；如果设备是 S7-200CPU，那么就进行主/从通信方式，因为 S7-

200CPU 是从站。在图 5-11 中，S7-200 可以通过内置接口，连接到 MPI 网络上，波特率为 19.2kbit/s。它可与 S7-300（或 S7-400CPU）进行通信。S7-200CPU 在 MPI 网络中作为从站，它们彼此间不能通信。

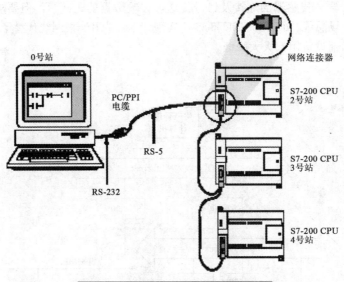

图 5-10 单主站与一个或多个从站相连

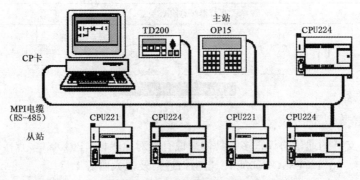

图 5-11 通信网络中有多个主站

■ 3. 自由口通信方式

PPI 通信协议是西门子公司专门为 S7-200 系列 PLC 开发的一种通信协议，一般不对外开放。而自由口模式则是对用户完全开放的，在自由口模式下通信协议是由用户定义的。

自由口通信方式是 S7-200PLC 的一个很有特色的功能。它使 S7-200PLC 可以与任何通信协议公开的其他设备控制器进行通信，即 S7-200PLC 可以由用户自己定义通信协议，如 ASCII 协议，波特率最高为 38.4kbit/s 可调整，因此使可通信的范围大大增加，使控制系统配置更加灵活方便。任何具有串行接口的外设，如打印机或条形码阅读器、变频器、调制解调器（Modem）、上位 PC 机等。S7-200 系列微型 PLC 用于两个 CPU 间简单的数据交换，用户可通过编程来编制通信协议来交换数据，如具有 RS-232 接口的设备可用 PC/PPI 电缆连接起来，进行自由通信方式通信。利用 S7-200 的自由通信口及有关的网络通信指令，可以将 S7-200CPU 加入 ModBus 网络和以太网。

4. PROFIBUS 通信方式

在 S7-200 系列的 CPU 中，CPU222，CPU224，CPU226 都可以通过增加 EM277 PROFIBUS-DP 扩展模块的方法支持 DP 网络协议。

PROFIBUS 协议用于分布式 I/O 设备（远程 I/O）的高速通信。许多厂家在生产类型众多的 PROFIBUS 设备。这些设备包括从简单的输入或输出模块到复杂的电机控制器和可编程控制器。

PROFIBUS 网络通常有一个主站和几个 I/O 从站。主站通过配置可以知道所连接的 I/O 从站的型号和地址。主站初始化网络并检查网络上的所有从站设备和配置中的匹配情况。主站连续地把输出数据写到从站，并且从它们读取输入数据。当 PROFIBUS-DP 主站成功地配置完一个从站时，它就拥有该从站。如果网络中有第二个主站，它只能很有限地访问第一个主站的从站。MPI 方式和 PROFIBUS 方式通信如图 5-12 所示。

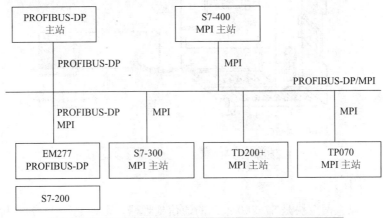

图 5-12 S7-200 的 MPI 通信方式和 PROFIBUS 通信方式

知识链接

PROFIBUS 是过程现场总线（Process Field Bus）的缩写，于 1989 年正式成为现场总线的国际标准。目前，在多种自动化的领域中占据主导地位，全世界的设备节点数已经超过 2000 万。它由三个兼容部分组成，即 PROFIBUS - DP(Decentralized Periphery)、PROFIBUS - PA（Process Automation）和 PROFIBUS-FMS（Fieldbus Message Specification）。其中，PROFIBUS - DP 应用于现场级，用于设备级控制系统与分散式 I/O 之间的通信，总线周期一般小于 10ms，使用协议第一、二层和用户接口，可确保数据传输的快速和有效进行。PROFIBUS - PA 适用于过程自动化，可使传感器和执行器接在一根共用的总线上，可应用于本征安全领域。PROFIBUS - FMS 用于车间级监控网络，它是令牌结构的实时多主网络，用来完成控制器和智能现场设备之间的通信以及控制器之间的信息交换，主要使用主 - 从方式，通常周期性地与传动装置进行数据交换。

（三）S7-200 的通信模块

1. EM277 PROFIBUS-DP 模块

EM277 PROFIBUS-DP 模块是专门用于 PROFIBUS-DP 协议通信的智能扩展模块。它的外形如图 5-13 所示。EM277 机壳上有一个 RS-485 接口，通过此接口可将 S7-200 系列 CPU 连接至网络，它支持 PROFIBUS-DP 和 MPI 从站协议。其上的地址选择开关可进行地址设置，地址范围为 0 ～ 99。

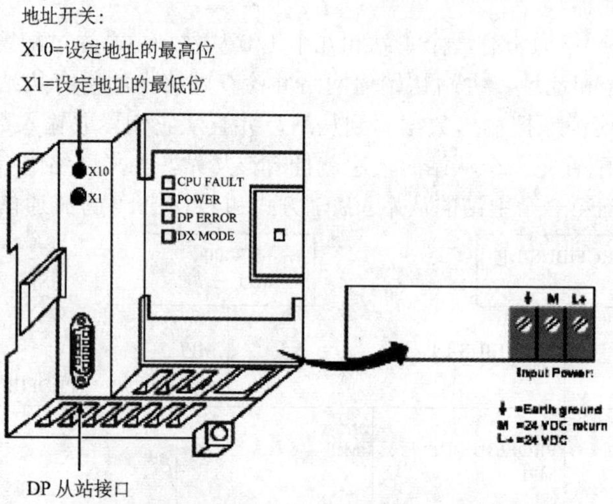

地址开关:
X10=设定地址的最高位
X1=设定地址的最低位

X10
X1

☐ CPU FAULT
☐ POWER
☐ DP ERROR
☐ DX MODE

↓ M L+

Input Power!

↓ =Earth ground
M =24 VDC return
L+ =24 VDC

DP 从站接口

图 5-13 EM227 PROFIBUS-DP 模块

2. CP243-1 模块

CP243-1 以太网模块是 S7-200 系列的通信处理器，可使 S7-200 PLC 与工业以太网络连接。

CP243-1 是一种通信处理器，可用于将 S7-200 系统连接到工业以太网（IE）中。CP243-1 有助于 S7 产品系列通过因特网进行通信，因此，可以使用 STEP 7 Micro/WIN 32 对 S7-200 进行远程组态、编程和诊断。而且，一台 S7-200 还可通过以太网与其他 S7-200、S7-300 或 S7-400 控制器进行通信，并可与 OPC 服务器进行通信。

 知识链接

在开放式 SIMATIC-NET 通信系统中，工业以太网可以用做协调级和单元级网络。在技术上，工业以太网是一种基于屏蔽同轴电缆、双绞电缆而建立的电气网络，或一种基于光纤电缆的光网络。工业以太网根据国际标准 IEEE-802.3 定义。

3. EM241 模块

西门子 EM241 调制解调器扩展模块用于 SIMATIC S7-200。它可用于 PLC 领域所有的标准调制解调器任务，如远程维护和诊断、CPU 到 CPU/PC 通信或者 SMS/ 寻呼机通信。

西门子 EM241 是 PLC 远程维护、远程控制、报警系统以及与 SIMATIC S7-200

进行远程通信的理想解决方案。由于 EM241 代替了耗时的编程而只需要对模块进行编程，因此，减少了与外置调制解调器解决方案相关的工程费用。

> **小提示**
>
> EM241 模块的连接方式与 S7-200 扩展模块相同，由于不需要其他附加的通信电缆和自由定义的 CPU 接口，因此不需要其他工作即可改制设备。

（四）S7-200 通信指令

S7-200 PLC 提供的通信指令主要有网络读与网络写指令、发送与接收指令、获取与设置通信口地址指令等。

1. 网络读与网络写指令

网络读 / 网络写指令（NETR/ NETW）的格式如图 5-14 所示。

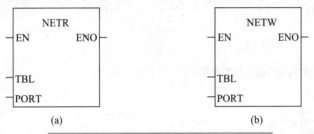

图 5-14 网络读 / 网络写指令 NETR/ NETW

其中，TBL：缓冲区首地址，操作数为字节。

PROT：操作端口，CPU226 为 0 或 1，其他只能为 0。

网络读（NETR）指令是通过端口（PROT）接收远程设备的数据并保存在表（TBL）中。可从远方站点最多读取 16 个字节的信息。

网络写（NETW）指令是通过端口（PROT）向远程设备写入在表（TBL）中的数据。可向远方站点最多写入 16 个字节的信息。

在程序中可以有任意多 NETR/NETW 指令，但在任意时刻最多只能有 8 个 NETR 及 NETW 指令有效。

TBL 表的参数定义见表 5-1。表中各参数的意义如下：

远程站点的地址：被访问的 PLC 地址。

数据指针（双字）：指向远程 PLC 存储区中的数据的间接指针。

接收或发送数据区：保存数据的 1 ～ 16 个字节，其长度在"数据长度"字节中定义。对于 NETR 指令，此数据区是指执行 NETR 指令后存放从远程站点读取的数据区。对于 NETW 指令，此数据区是指执行 NETW 指令前发送给远程站点的数据存储区。

表中字节的意义：

D：操作已完成。0= 未完成，1= 功能完成。

A：激活（操作已排队）。0= 未激活，1= 激活。

E：错误。0= 无错误，1= 有错误。

4 位错误代码的说明：

0：无错误。

1：超时错误。远程站点无响应。

2：接收错误。有奇偶错误等。

3：离线错误。重复的站地址或无效的硬件引起的冲突。

4：排队溢出错误。多于 8 条 NETR/NETW 指令被激活。

5：违反通信协议。没有在 SMB30 中允许 PPI，就试图使用 NETR/NETW 指令。

6：非法参数。

7：没有资源。远程站点忙（正在进行上载或下载）。

8：第七层错误。违反应用层协议。

9：信息错误。错误的数据地址或错误的数据长度。

表 5-1　TBL 表的参数定义

VB100	D	A	E	0	错误码
VB101	远程站点的地址				
VB102	指向远程站点的数据指针				
VB103					
VB104					
VB105					
VB106	数据长度（1～16 个字节）				
VB107	数据字节 0				
VB108	数据字节 1				
...	...				
VB122	数据字节 15				

2. 发送与接收指令

发送与接收指令的格式如图 5-15 所示。

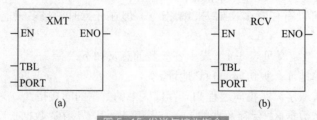

图 5-15　发送与接收指令

发送指令（XMT），可以将发送数据缓冲区（TBL）中的数据通过指令指定的通信端（PORT）发送出去，发送完成时将产生一个中断事件，数据缓冲区的第一个数据指明了要发送的字节数。

接收指令（RCV），可以通过指令指定的通信端口（PORT）接收信息并存储于接收数据缓冲区（TBL）中，接收完成时也将产生一个中断事件，数据缓冲区的第一个数据指明了接收的字节数。

知识链接

　　指令中合法的操作数：TBL 可以是 VB、IB、QB、MB、SB、SMB、*VD、*AC 和 *LD，数据类型为 BYTE；PORT 为常数（CPU221、CPU222、CPU224 模块为 0，CPU224XP、CPU226 模块为 0 或 1），数据类型为 BYTE。

3. 相关寄存器及标志位

（1）控制寄存器

　　用特殊标志寄存器中 SMB30 和 SMB130 的各个位分别配置通信口 0 和通信口 1，为自由通信口选择通信参数，包括奇偶校验位、数据位、波特率和通信协议。SMB30 和 SMB130 的各位及其含义如表 5-2 所示。

表 5-2　自由口控制寄存器（SMB30、SMB130）

端口 0	端口 1	描述自由口模式的控制字节
SMB30 格式	SMB130 格式	MSB LSB P　P　D　B　B　B　M　M
SM30.7、SM30.6	SM130.7、SM130.6	PP：奇偶选择 00：无奇偶校验；　　01：偶校验； 10：无奇偶校验；　　11：奇校验
SM30.5	SM130.5	D：每个字符的数据位 0= 每个字符 8 位；　　1= 每个字符 7 位
SM30.4 ～ SM30.2	SM130.4 ～ SM130.2	BBB：自由口的波特率 000=38400 bit/s；　001=19200 bit/s 010=9600 bit/s；　　011=4800 bit/s 100=2400 bit/s；　　101=1200 bit/s 110=115.2k bit/s；　111=57.6k bit/s
SM30.1 ～ SM30.0	SM130.1 ～ SM130.0	MM：协议选择 00=PPI/ 从站模式（默认设置）；01= 自由口协议 10=PPI/ 主站模式；　　　　　11= 保留

（2）特殊标志位及中断

　　接收字符中断：中断事件号为 8（端口 0）和 25（端口 1）。

　　发送信息完成中断：中断事件号为 9（端口 0）和 26（端口 1）。

　　接收信息完成中断：中断事件号为 23（端口 0）和 24（端口 1）。

　　发送结束标志位 SM4.5 和 SM4.6：分别用来标志端口 0 和端口 1 发送空闲状态，发送空闲时置 1。

（3）特殊功能寄存器

　　执行接收指令（RCV）时用到一系列特殊功能寄存器。对端口 0 用 SMB86~SMB94 特殊功能寄存器；对端口 1 用 SMB186~SMB194 特殊功能寄存器。各字节及其内容描述如表 5-3 所示。

chapter 01

chapter 02

chapter 03

chapter 04

chapter 05

chapter 06

appendix

表 5-3 特殊功能寄存器（SMB86 ~ SMB94, SMB186 ~ SMB194）

端口 0	端口 1	描　述
SMB86	SMB186	接收状态信息字　MSB　　　　　　　　　　　　　　　LSB | n | r | e | 0 | 0 | t | c | p | n=1：用户通过禁止命令终止接收信息 r=1：接收终止：输入参数错误或无起始或结束条件 e=1：收到结束字符 t=1：接收信息终止：超时 c=1：接收信息终止：超出最大字符数 p=1：接收信息终止：奇偶校验错误
SMB87	SMB187	接收信息控制字：MSB　　　　　　　　　　　　　　LSB | en | sc | ec | il | c/m | tmr | bk | 0 | en：　0：禁止接收信息功能；1：允许接收信息功能（每次执行 RCV 指令时检查允许 / 禁止接收信息位的状态） sc：　0：忽略 SMB88 或 SMB188；1：使用 SMB88 或 MB188 的值检测起始信息 ec：　0：忽略 SMB89 或 SMB189；1：使用 SMB89 或 SMB189 的值检测结束信息 il：　　0：忽略 SMW90 或 SMW190；1：使用 SMW90 或 SMW190 的值检测空闲状态 c/m：　0：定时器是内部字符定时器；1：定时器是信息定时器 tmr：　0：忽略 SMW92 或 SMW192；1：当 SMW92 或 SMW192 中的定时时间超出时终止接收 bk：　0：忽略 break 条件；1：用 break 条件作为信息检测的开始 接收信息控制字节位可用来作为定义识别信息的标准。信息的起始和结束均需要定义 起始定义：il * sc ＋ bk * sc 结束定义：ec ＋ tmr ＋最大字符数 起始信息编程： 1. 空闲线检测：il=1，sc=0，bk=0，SMW90（或 SMW190）>0 2. 起始字符检测：il=0，sc=1，bk=0，忽略 SMW90（或 SMW190） 3. break 检测：　il=0，sc=0，bk=1，忽略 SMW90（或 SMW190） 4. 对一个信息的响应：il=1，sc=0，bk=0，SMW90（或 SMW190）=0（可用信息定时器来终止接收） 5. break 和一个起始字符：il=0，sc=1，bk=1，忽略 SMW90（或 SMW190） 6. 空闲和一个起始字符：il=1，sc=1，bk=0，SMW90（或 SMW190）>0 7. 空闲和一个起始字符（非法）：il=1，sc=0，bk=0，SMW90（或 SMW190）=0
SMB88	SMB188	信息字符的开始
SMB89	SMB189	信息字符的结束
SMW90 SMW91	SMW190 SMW191	空闲线时间间隔用毫秒给出。在空闲线时间结束后接收的第一个字符是新信息的开始。SMW90（或 SMW190）为高字节，SMW91（或 SMW191）为低字节
SMW92 SMW93	SMW192 SMW193	字符间超时 / 信息间定时器超值（用毫秒表示）。如果超出时间，就停止接收信息。SMW92（或 SMW192）为高字节，SMW93（或 SMW193）为低字节
SMW94	SMW194	要接收字符的最大数（1 ~ 255 个字节） 小提示：这个区一定要设为希望的最大缓冲区，即使不使用字符计数信息终止

■ 三、S7-200 通信网络

（一）利用 PPI 协议进行网络通信

　　PPI 通信协议是西门子专为 S7-200 系列 PLC 开发的一种通信协议，可通过普通的两芯屏蔽双绞电缆进行联网，波特率为 9.6kbit/s、19.2kbit/s 和 187.5kbit/s。S7-200 系列 CPU 上集成的编程口，同时也是 PPI 通信的联网接口，利用 PPI 通信协议进行通信非常简单方便，只用 NETR 和 NETW 两条指令，即可进行数据信号的传递，不需额外再配置模块或软件。PPI 通信网络是一个令牌传递网，在不加中继器的情况下，最多可以由 31 个 S7-200 系列 PLC、TD200、OP/TP 面板或上位机 MPI 插卡为站点构成 PPI 网。

　　如图 5-16 所示，某生产线正在生产灌装黄油桶并将其送到四台包装机中的其中一台上，打包机用于把 8 个黄油桶包装到一个纸箱中，一个分流机给各个打包机分配黄油桶，分流机配有 TD200 数据单元的 CPU222，4 个 CPU221 模块用于控制打包机。

chapter 01
chapter 02
chapter 03
chapter 04
chapter 05
chapter 06
appendix

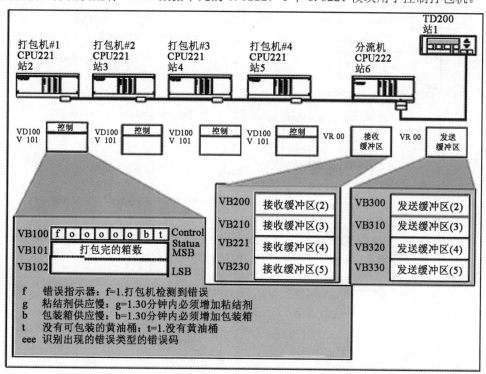

图 5-16 分流机 PPI 通信系统配置

　　表 5-4 给出了 2 号站接收缓冲区（VB200）和发送缓冲区（VB300）中的数据。S7-200 使用网络读指令不断读取每个打包机的控制和状态信息。当某个打包机每包装完 100 箱时，分流机就用网络写指令发送一条信息清除状态字，将完成的箱数清零。图 5-17 给出了 1 号打包机打包完成数据统计管理的一段程序。

表 5-4 网络读写指令中 TBL 数据

VB200	D A E O	错误代码	VB300	D A E O	错误代码
VB201	远程站地址 =2		VB301	远程站地址 =2	
VB202	指向远程站		VB302	指向远程站	
VB203	（&VB100）		VB303	（&VB100）	
VB204	的数据区		VB304	的数据区	
VB205	指针		VB305	指针	
VB206	数据长度 =3 个字节		VB306	数据长度 =2 个字节	
VB207	控制		VB307	0	
VB208	状态（MSB）		VB308	0	
VB209	状态（LSB）		VB309	0	

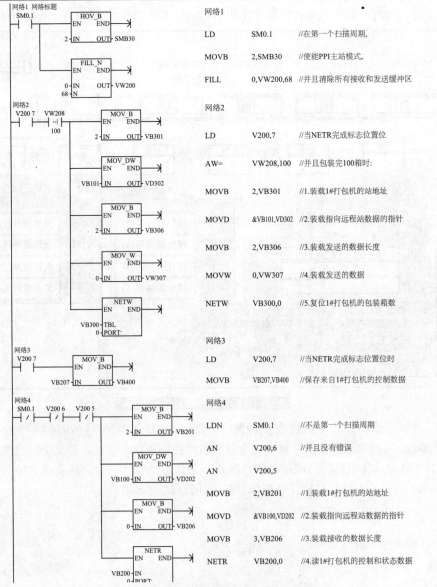

图 5-17 分流机 PPI 通信部分梯形图

（二）利用自由口进行网络通信

在自由口模式下，RS-485 口完全由用户程序控制，S7-200 PLC 可与任何已知通信协议的设备通信。为了便于自由口通信，S7-200 PLC 配有发送及接收指令，通信及接收中断，以及用于通信设备的特殊标志位。

> **小提示**
>
> S7-200 处于 STOP 方式时，自由口模式被禁止，通信口被自动切换到正常的 PPI 协议操作，只有当 S7-200 处于 RUN 方式时，才能使用自由口模式。

1. 用 XMT 指令发送数据

用 XMT 指令可以方便地发送 1 ～ 255 个字节。如果有一个中断服务程序连接到发送信息结束事件上，那么在发送完缓冲区内最后一个字符时，会产生一个发送中断信号（对端口 0 为中断事件 9，对端口 1 为中断事件 26）。也可以不通过中断请求执行发送指令，可查询发送完成状态位（SM4.5 或 SM4.6）的变化，判断发送是否完成。

如果将字符数设置为 0 并执行 XMT 指令，可以产生一个 break 状态，这个 break 状态可以在线上持续一段特定的时间，这段特定的时间是以当前波特率传输 16 位数据所需要的时间。发送 break 的操作与发送其他信息一样，此操作完成时也会产生一个发送中断请求，SM4.5 或 SM4.6 反映发送操作的当前状态。

2. 用 RCV 指令接收数据

用 RCV 指令可以方便地接收一个或多个字节，最多可达 255 个字符。如果有一个中断服务程序连接到接收信息结束事件上，那么在接收完最后一个字符时，会产生一个接收中断信息（对端口 0 为中断事件 23，对端口 1 为中断事件 24）。与发送指令一样，也可以不使用中断，而是通过查询接收信息状态寄存器 SMB86（端口 0）或 SMB186（端口 1）来接收信息。当 RCV 指令未被激活或已被终止时，它们不为 0；当接收信息正在进行时，它们为 0。RCV 指令允许用户选择信息的起始和结束条件，使用 SMB86~SMB94 对端口 0 进行设置，使用 SMB186~SMB194 对端口 1 进行设置。当超限或有校验错误时，接收信息会自动终止。因此必须为接收信息功能操作定义一个起始条件和结束条件（最大字符数）。

3. 使用接收字符中断接收数据

为了完全适应对各种通信协议的支持，可以使用字符中断控制的方式来接收数据。每接收一个字符时都会产生中断。在执行连接到接收字符中断事件上的中断程序前，接收到的字符存储在 SMB2 中，校验状态（如果允许的话）存储在 SMB3 中。

SMB2 是自由端口接收字符缓冲区，在自由端口模式下，接收到的每个字符都会被存储在这个单元中，以方便用户程序访问。SMB3 用于自由端口模式，并包含一个校验错误标志位，当接收字符的同时检测到校验错误时，该位被置位，该字节的所有其他位被保留。

4. 接收指令的起始条件和结束条件

　　接收指令使用接收信息控制字节（SMB87 或 SMB187）中的位来定义信息的起始条件和结束条件。

　　（1）RCV 指令支持的几种起始条件

　　空闲线检测：空闲线是指在传输线上一段安静或者空闲的时间。在 SMW90 或者 SMW190 中指定其毫秒数，设置 il=1，sc=0，bk=0，SMW90（或 SMW190）>0。执行 RCV 指令时，接收信息功能会自动忽略空闲线时间到之前的任何字符，并按 SMW90（或 SMW190）中的设定值重新启动空闲线定时器，把空闲线时间之后接收到的第一个字符作为接收信息的第一个字符存入信息缓冲区，如图 5-18 所示。空闲线时间应该设定为大于指定波特率下传输一个字符（包括起始位、数据位、校验位和停止位）的时间，空闲线时间的典型值为指定波特率下传输三个字符的时间。

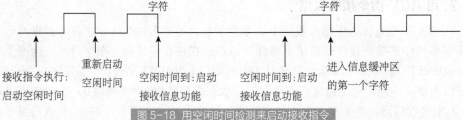

图 5-18 用空闲时间检测来启动接收指令

　　起始字符检测：起始字符可以是用于作为一条信息首字符的任一字符。设置 il=0，sc=1，bk=0，忽略 SMW90（或 SMW190）。接收信息功能会将 SMB88（或 SMB188）中指定的起始字符作为接收信息的第一个字符，并将起始字符和起始字符之后的所有字符存入信息缓冲区，而自动忽略起始字符之前接收到的字符。

　　断点检测：断点（break）检测是指在大于一个完整字符传输时间的一段时间内，接收数据一直为 0。一个完整字符传输时间定义为传输起始位、数据位、校验位和停止位的时间总和。设置 il=0，sc=0，bk=1，忽略 SMW90（或 SMW190）。接收信息功能以接收到的 break 作为接收信息的开始，将 break 之后接收到的字符存入信息缓冲区。自动忽略 break 之前接收到的字符。通常只有当通信协议需要时，采用断点检测作为起始条件。

　　对一个信息的响应：接收指令可以被配置为立即接收任意字符并把接收到的全部字符存入信息缓冲区。这是空闲线检测的一种特殊情况。在这种情况下，空闲线时间（SMW90 或 SMW190）被设置为 0，这使得接收指令一经执行，就立即开始接收字符。设置 il=1，sc=0，bk=0，SMW90（或 SMW190）=0。SMB88/SMB188 被忽略。

用任意字符开始一条信息允许使用信息定时器，来监控信息接收是否超时。这对于自由口协议的主站是非常有用的，并且在指定的时间内，没有来自从站的任何响应的情况，也需要采用"超时处理"。由于空闲线时间设置为 0，当执行接收指令时，信息定时器启动。如果没有满足其他终止条件，信息定时器超时会结束接收信息功能。设置 il=1，sc=0，bk=0，SMW90（或 SMW190）=0，SMB88/SMB188 被忽略。c/m=1，tmr=1，SMW92（或 SMW192）= 信息超时时间，单位为毫秒。

断点和一个起始字符：接收指令可以被配置为接收到 break 条件和一个指定的起始字符之后，启动接收信息功能。设置 il=0，sc=1，bk=1，忽略 SMW90（或 SMW190），SMB88/SMB188= 起始字符，信息接收功能接收到 break 后继续搜寻特定的起始字符，若接收到起始字符以外的其他字符，则重新等待新的 break，并自动忽略接收到的字符；若信息接收功能接收到 break 之后第一个字符为特定的字符，则起始字符和起始字符之后的所有字符存入信息缓冲区。

空闲线和一个起始字符：接收指令可以用空闲线和起始字符的组合来启动一条信息。当执行接收指令时，接收信息功能检测空闲线条件。在满足空闲线条件后，接收信息功能搜索指定的起始字符。如果接收到的字符不是起始字符，接收信息功能重新检测空闲线条件。所有在空闲线条件满足和接收到起始字符之前接收到的字符被忽略掉。否则将起始字符和起始字符之后的所有字符存入信息缓冲区。空闲线时间应该总是大于在指定的波特率下传输一个字符（传输起始位、数据位、校验位和停止位）的时间。空闲线时间的典型值为在指定的波特率下传输三个字符的时间。设置 il=1，sc=1，bk=0，SMW90（或 SMW190）>0，SMB88/SMB188= 起始字符。通常对于指定信息之间最小时间间隔并且信息的首字符是特定设备的站号或其他信息的协议，用户可以使用这种类型的起始条件。这种方式尤其适用于在通信连接上有多台设备的情况。在这种情况下，只有当接收到的信息的起始字符为特定的站号或设备时接收指令才会触发一个中断。

（2）RCV 指令支持的几种结束信息的方式

结束信息的方式可以是以下的一种或几种组合。

结束字符检测：结束字符是用于表示信息结束的任意字符。设置 ec=1，SMB89（或 SMB189）= 结束字符；信息接收功能在找到起始条件开始接收字符后，检查每个接收到的字符，并判断它是否与结束字符相匹配，如果接收到结束字符后将其存入信息缓冲区，信息接收功能结束。通常对于所有信息都使用同一字符作为结束的 ASCII 码协议，用户可以使用结束字符检测。

字符间隔定时器超时：字符间隔时间是指从一个字符的结尾（停止位）到下一个字符的结尾（停止位）之间的时间。设置 c/m=0，tmr=1，SMW92（SMW192）= 字符间超时时间。若信息接收功能接收到的两个字符之间的时间间隔超过字符间超时定时器的设定时间，则信息接收功能结束。字符间超时定时器的设定值应大于指定波特率下传输一个字符（包括起始位、数据位、校验位和停止位）的时间。用户可以通过使用字符间隔定时器与结束字符检测或者最大字符计数相结合，来结束一条信息。

信息定时器超时：从信息的开始算起，在经过指定的一段时间之后，信息定时器结束一条信息。设置 c/m=1，tmr=1，SMW92（SMW192）= 信息超时时间。信息接收功能在找到起始条件开始接收字符时，启动信息定时器，信息定时器时间到，则信息接收功能结束。同样，用户可以通过使用字符间隔定时器与结束字符检测或者最大字符计数相结合，来结束一条信息。

最大字符计数：当信息接收功能接收到的字符数大于 SMB94（或 SMB194）时，信息接收功能结束。接收指令要求用户设定一个希望最大的字符数，从而能确保信息缓冲区之后的用户数据不会被覆盖。

最大字符计数总是与结束字符、字符间超时定时器、信息定时器结合在一起作为结束条件使用。

校验错误：当接收字符出现奇偶校验错误时，信息接收功能自动结束。只有在 SMB30（或 SMB130）中设定了校验位时，才有可能出现校验错误。

用户结束：用户可以通过将 SMB87（或 SMB187）设置为 0 来终止信息接收功能。

🖳 任务实施 ⌡

在知识准备中，主要介绍了 S7-200 PLC 通信与网络等完成机加工车间机械手控制系统所需要的相关知识。接下来讲解该任务实施的方法和步骤。

▌ 一、确定控制方案

供水供电控制系统采用 PLC 单机控制。

▌ 二、选择 PLC 类型

本任务中，控制系统通过上位机监控，PLC 输入信号没有选用，选用了 7 个数字量输出信号，作为控制通电、通水的接触器及检验指示灯等，不需要模拟量 I/O 通道，一般的 PLC 都能够胜任。通过分析，PLC 类型选用 S7-200，CPU 类型选用 CPU224 AC/DC/ 继电器。

▌ 三、PLC 的 I/O 地址分配

PLC 控制输入 / 输出地址分配表如表 5-5 所示，本控制系统通过上位机监控，PLC 输入信号没有选用。输出信号直接控制接触器，将接触器 1、3、5 的主触点接入供电主回路实现通电控制，接触器 2、4、6 控制阀门实现通水控制。

表 5-5　输入 / 输出地址分配表

序号	PLC 地址	电气符号	功能
1	Q0.0	KM_1	控制 1 楼通电
2	Q0.1	KM_2	控制 1 楼通水
3	Q0.2	KM_3	控制 2 楼通电
4	Q0.3	KM_4	控制 2 楼通水
5	Q0.4	KM_5	控制 3 楼通电
6	Q0.5	KM_6	控制 3 楼通水
7	Q1.0	指示灯	校验错指示灯

▌ 四、系统硬件和软件设计

（一）PLC 输入 / 输出电路

供水供电 PLC 控制系统硬件连接图如图 5-19 所示。

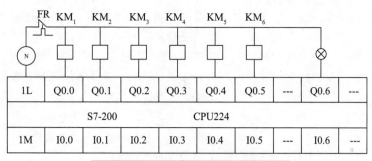

图 5-19 PLC 输入输出电路硬件接线图

（二）程序设计

1. PLC 控制程序

PLC 控制程序由主程序 MAIN、初始化子程序 SRB_0、求异或校验码子程序 FCS、接收完成中断程序 INT_0、发送完成中断程序 INT_1 和定时中断程序 INT_2 组成。PLC 控制程序各模块的语句表及注释如下：

```
// 主程序 MAIN
网络 1
LD      SM0.1                   // 首次扫描
CALL    SBR_0                   // 调用初始化子程序
网络 2
LDN     SM0.7                   // 若转换到 TERM 模式，则设置为 PPI 协议
EU                              // 上升沿检测
R       SM30.0, 1               // 设置为 PPI 协议
DTCH    23                      // 禁止各种中断
DTCH    9
DTCH    10
网络 3
LD      SM0.0
LPS
A       M0.1                    //M0.1 为上位机控制 1 楼通电软开关
=       Q0.0                    //Q0.0 控制 1 楼通电
MOVB    97, VB204               // 字母 a 的 ASCII 码为 97，1 楼通电信息上传给
                                   上位机
NOT
MOVB    100, VB204              // 字母 d 的 ASCII 码为 100，1 楼不通电信息上
                                   传给上位机
LRD
A       M1.1                    //M1.1 为上位机控制 1 楼通水软开关
=       Q0.1                    //Q0.1 控制 1 楼通水
```

```
    MOVB    98, VB206           // 字母 b 的 ASCII 码为 98，1 楼通水信息上传
                                   给上位机
    NOT
    MOVB    99, VB206           // 字母 c 的 ASCII 码为 99，1 楼不通水信息上
                                   传给上位机
    LRD
    A       M0.2                //M0.2 为上位机控制 2 楼通电软开关
    =       Q0.2                //Q0.2 控制 2 楼通电
    MOVB    97, VB304
    NOT
    MOVB    100, VB304
    LRD
    A       M1.2                //M1.2 为上位机控制 2 楼通水软开关
    =       Q0.3                //Q0.3 控制 2 楼通水
    MOVB    98, VB306
    NOT
    MOVB    99, VB306
    LRD
    A       M0.3                //M0.3 为上位机控制 3 楼通电软开关
    =       Q0.4                //Q0.4 控制 3 楼通电
    MOVB    97, VB404
    NOT
    MOVB    100, VB404
    LPP
    A       M1.3                //M1.3 为上位机控制 3 楼通水软开关
    =       Q0.5                //Q0.5 控制 3 楼通水
    MOVB    98, VB406
    NOT
    MOVB    99, VB406


// 初始化子程序 SRB_0
网络 1
    LD      SM0.0               //CPU 运行时，该位始终为 1
    MOVB    9, SMB30            // 设置为 9600bit/s，8 个数据位，无校验位，
                                   1 位停止位
    MOVB    16#EC, SMB87        // 允许接收，检测起始字符和结束字符，超时检测
    MOVB    0, SMB88            // 送报文的起始字符 "0"
    MOVB    16#FF, SMB89        // 送报文的结束字符为十六进制数 "FF"
    MOVW    +1000, SMW92        // 接收超时时间为 1s
    MOVB    100, SMB94          // 接收最大的字符数为 100
    ATCH    INT_0, 23           // 接收完成事件连接到中断程序 0
```

```
ATCH    INT_1, 9              // 发送完成事件连接到中断程序 1
ENI                           // 允许用户中断
RCV     VB100, 0              // 端口 0 的接收缓冲区指针指向 VB100


// 求异或校验码子程序 FCS
网络 1
LD      SM0.0
MOVB    0, #XORC              // 异或值清零
BTI     #NUMB, #NUMI          // 字节数转换为整数
FOR     #TEMPI, +1, #NUMI     //FOR 与 NEXT 之间的指令被执行 NUMI（异或字
                                节数）次

网络 2
LD      SM0.0
XORB    *#PNT, #XORC          //&VB102= PNT，PNT 为指针
INCD    #PNT                  // 指针加 1，指向下一个要异或的字节
网络 3
NEXT                          // 标记 FOR 循环结束指令


// 接收完成中断程序 INT_0
网络 1
LDB<>   SMB86, 16#20          //16#20=00100000B，表示接收到结束字符
JMP     1                     // 没有接收到结束字符就跳到标号 1 处
NOT
MOVB    VB102, VB99           //VB102=nByte（1）=7（VB6.0 中定义的数组）
R       V96.0, 24             //VD96 高 3 位字节清零，VB96，VB97，VB98 清
                                零
MOVD    &VB103, VD92          // 接收报文数据区的首地址送给指针 VD92
+D      VD96, VD92            //VD96=7，VD92=&VB110（接收到的校验码地址）
MOVB    *VD92, VB91           // 接收到的校验码送到 VB91
INCB    VB99                  // 得到需要异或的字节数（共 8 个字节）
CALL    FCS, &VB102, VB99, VB90      // 计算校验和，送到 VB90
网络 2
LD      SM0.0
LPS
AB=     VB103, 1              //VB103 的值为楼层数
MOVB    VB104, VB124          // 接收数据区的第四个字节传送到 VB124 中
MOVB    VB106, VB126
MOVB    VB108, VB128
BMB     VB100, VB200, 12      //BMB 为字节块传送指令，传送 12 个字节
LRD
AB=     VB103, 2
```

```
    MOVB    VB104, VB134
    MOVB    VB106, VB136
    MOVB    VB108, VB138
    BMB     VB100, VB300, 12
    LPP
    AB=     VB103, 3
    MOVB    VB104, VB144
    MOVB    VB106, VB146
    MOVB    VB108, VB148
    BMB     VB100, VB400, 12
    网络 3
    LD      SM0.0
    LPS
    AB=     VB124, 97          // 若 VB124=97（字母 a 的 ASCII 值），令
                                  M0.1=1
    =       M0.1               // M0.1=1 表示上位机发来控制 1 楼通电命令
    LRD
    AB=     VB124, 100         // 若 VB124=100（字母 d 的 ASCII 值），令
                                  M0.1=0
    R       M0.1, 1            // M0.1=0 表示上位机发来控制 1 楼断电命令
    LRD
    AB=     VB126, 98
    =       M1.1               // 控制 1 楼通水命令
    LPP
    AB=     VB126, 99
    R       M1.1, 1            // 控制 1 楼断水命令
    网络 4
    LD      SM0.0
    LPS
    AB=     VB134, 97
    =       M0.2               // 控制 2 楼通电命令
    LRD
    AB=     VB134, 100
    R       M0.2, 1            // 控制 2 楼断电命令
    LRD
    AB=     VB136, 98
    =       M1.2               // 控制 2 楼通水命令
    LPP
    AB=     VB136, 99
    R       M1.2, 1            // 控制 2 楼断水命令
```

```
网络 5
LD      SM0.0
LPS
AB=     VB144, 97
=       M0.3                    // 控制 3 楼通电命令
LRD
AB=     VB144, 100
R       M0.3, 1                 // 控制 3 楼断电命令
LRD
AB=     VB146, 98
=       M1.3                    // 控制 3 楼通水命令
LPP
AB=     VB146, 99
R       M1.3, 1                 // 控制 3 楼断水命令
网络 6
LDB=    VB90, VB91              // 如果校验正确
R       Q1.0, 1                 // 复位校验指示灯
MOVB    5, SMB34                // 定时 5ms，提供收 / 发模式切换时间
ATCH    INT_2, 10               // 启动定时中断
CRETI                           // 条件中断返回指令
NOT                             // 如果有校验错误
S       Q1.0, 1                 // 将校验错误指示灯 Q1.0 点亮
网络 7
LBL     1                       // 非正常接收时跳到此处
网络 8
LD      SM0.0
RCV     VB100, 0                // 启动新的接收


// 发送完成中断程序 INT_1
网络 1
LD      SM0.0
RCV     VB100, 0                // 启动新的接收


// 定时中断程序 INT_2
网络 1
LD      SM0.0
LPS
DTCH    10                      // 断开中断 10
AB=     VB103, 1                // 如果 VB103=1（1 楼），执行发送指令 XMT
XMT     VB200, 0                // 发送数据缓冲区为 VB200，通信端口为 0
```

 chapter 01
 chapter 02
 chapter 03
 chapter 04
 chapter 05
 chapter 06
appendix

```
LRD
AB=      VB103, 2
XMT      VB300, 0
LPP
AB=      VB103, 3
XMT      VB400, 0
```

■‖ 2. 上位机监控程序设计

上位机监控程序通过可视化语言 Visual Basic 6.0（简称 VB6.0）设计实现。其中，设计的关键就是 VB6.0 与 PLC 之间的通信。利用 VB6.0 提供的 MSComm 串行通信控件，可以方便地实现计算机与 PLC 之间的串行通信。VB6.0 为这个控件提供了标准的事件处理函数、过程，并通过属性的方法提供了通信接口的参数设置，详细说明可查询 VB6.0 的帮助文档。

下面简单介绍 MSComm 控件中与本控制系统相关的属性：

CommPort：设定通信连接端口的代号，程序必须指定所要使用的串行端口号，Windows 系统使用所设定的通信端口与外界通信。

PortOpen：设定通信口的状态。

Settings：设定初始化参数，其格式是"bbbb, p, d, s"，其中 bbbb 为通信速率，p 为奇偶校验，d 为数据位数，s 为停止位数。

Input：将对方传送至输入缓冲区的字符读进程序里。

Output：将字符写入输出缓冲区。

InBufferCount：传回接收缓冲区里的字符数。

OutBufferCount：传回输出缓冲区里的字符数。

InputLen：设定串行端口读入字符串的长度。

InputMode：设定接收数据的方式。

Rthreshold：设定引发接收事件的字符数。

CommEvent：传回 OnComm 事件发生时的数值码。通信过程中只要有错误或事件发生，就会产生 OnComm 事件，而 CommEvent 属性传回不同的错误或事件对应的数码值，据此可对事件进行处理。

为了使用 MSComm 控件，需要在"部件"对话框的"控件"选项卡中选中"Microsoft Comm Control 6.0"选项，单击"确定"按钮后控件将被添加到 Visual Basic 的工具箱中。

如果找不到 MSComm 控件或添加的控件不可用，还可以手工注册安装 MSComm 控件。手工注册安装 MSComm 控件的步骤如下：

第一步，从网上下载"Mscomm.srg、Mscomm32.ocx、Mscomm32.dep"三个文件，并将这三个文件复制到系统文件夹中（只有"Mscomm32.ocx"文件也可注册）。需要注意的是，MSComm 控件是要授权的，所以必须将其使用"执照"（License）在注册表中登记注册。

第二步，用 Windows 下的注册工具 regsvr32 注册该 OCX 控件，单击"开始"→"运行"，在"打开"文本框中输入"Regsvr32 C:\winnt\system32\Mscomm32.ocx"。

第三步，在注册表中手工新建一个主键项：先单击"开始"→"运行"，在"打开"文本框中填入 regedit 命令打开注册表，找到 HKEY_CLASSES_ROOT\Licenses，在其中添加主键"4250E830-6AC2-11cf-8ADB-00AA00C00905"并将内容设置为"kjljvjjjoquqmjjjvpqqkqmqykypoqjquoun"（注：这项内容也可以用记事本程序打开 Mscomm.srg 文件看到）。

重新启动"VB6.0"，在"部件"对话框的"控件"选项卡中选中"Microsoft Comm Control 6.0"选项，单击"确定"按钮后控件将被添加到该软件的工具箱中。控件的图标类似于电话，双击此控件即可将其添加到具体工程中使用。

VB6.0 是面向对象的可视化程序设计语言，采用事件驱动的编程机制，对各个对象需要响应的事件分别编写程序代码，对每个事件过程的程序代码来说，一般比较短小简单，调试维护也比较容易。本控制系统上位机监控程序需要响应的事件有退出监控界面事件、控制设定事件、装载事件（初始化通信口）、定时器事件、信息接收事件和选择楼层事件等。每个事件过程的程序代码及注释如下文所示。上位机监控界面如图 5-20 所示。

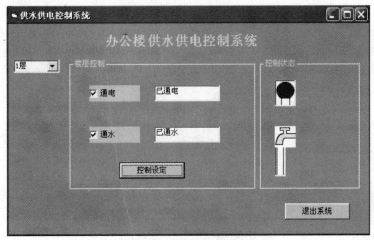

图 5-20 上位机监控界面

上位机监控程序如下：

```
Dim n As Integer, rrr As String, nn As Integer


Private Sub Command1_Click()           '退出监控界面事件
End
End Sub


Private Sub Command2_Click()           '控制设定事件
Dim r As Byte
Dim sdata1 As String, s As Integer, sss As String, k As Integer
Dim nByte() As Byte, ss As Byte
Dim sData() As Byte                    '动态数组的声明
```

```
Dim fcs As Variant
Dim i As Integer
ReDim sData(3) As Byte          ' 使用动态数组前要定义，数组元素有 4 个
Timer1.Enabled = False          ' 定时器失效
nn = 0
r = 0
s = 8
ss = s
If Check1.Value = 1 Then        ' 通电复选框
    If Check2.Value = 1 Then    ' 通水复选框
        sdata1 = "ab"           ' 字符串 "ab" 表示既通电又通水
    Else                        'a 的 ASCII 码为 61H=97, b=98, c=99,
                                 d=100
        sdata1 = "ac"           ' 字符串 "ac" 表示通电不通水
    End If
Else
    If Check2.Value = 1 Then
        sdata1 = "db"           ' 字符串 "db" 表示不通电但通水
    Else
        sdata1 = "dc"           ' 字符串 "dc" 表示不通电不通水
    End If
End If
    sData = sdata1
    ReDim nByte(10) As Byte     ' 使用动态数组前要定义，数组元素有 11 个
    nByte(0) = 0
    nByte(1) = 7
    nByte(2) = n                ' 楼层号
    nByte(3) = sData(0)
    nByte(4) = sData(1)
    nByte(5) = sData(2)
    nByte(6) = sData(3)
    nByte(7) = r
    nByte(8) = ss
    fcs = nByte(1)              'fcs=7
    For i = 2 To 8             ' 对第二个字节到第八个字节求异或和
        fcs = fcs Xor nByte(i) '7 和 nByte(i) 做异或运算
    Next
    nByte(9) = fcs
    nByte(10) = &HFF
    MSComm1.Output = nByte      ' 将字符写入输出缓冲区
```

```
    sss = sdata1 & " "
    k = n
    Open "e:\data.txt" For Random As #1 Len = 10
                            '建立或打开随机文件
    Put #1, k, sss          'Put 的功能是将指定变量的内容写到指定的记录位置
    Close #1                '关闭随机文件
    Timer1.Enabled = True   '使定时器有效
End Sub


Private Sub Form_Load()     '装载事件（初始化通信口）
Command2.Enabled = False
Check1.Enabled = False
Check2.Enabled = False
Timer1.Enabled = False
MSComm1.CommPort = 1        '设定通信连接端口，上位机通信口选择 COM1
MSComm1.Settings = "9600 ,n ,8 ,1"
                            '波特率为 9600bit/s，数据位 8 位，停止位 1 位
MSComm1.InputLen = 0        '为 0 则读取缓冲区中全部的内容
MSComm1.RThreshold = 6      '设置引发接收事件的字符数
If MSComm1.PortOpen = False Then  '设置通信口状态
    MSComm1.PortOpen = True       '端口开
End If
MSComm1.InputMode = comInputModeBinary
                            '设置 InputMode 属性以二进制方式取回数据
For i = 1 To 3
Combo1.AddItem i & "层"      '设定楼层数为 3
Next
End Sub


Private Sub Timer1_Timer()   '定时器事件（定时时间为 0.1s）
Dim r0 As String, r1 As String, r2 As String
Dim r As Byte, s As Integer, ss As Byte
Dim sdata1 As String
Dim nByte() As Byte
Dim sData() As Byte
Dim fcs As Variant
Dim i As Integer
Open "e:\data.txt" For Random As #1 Len = 10
Get #1, n, r0                '将指定的记录的内容读取到指定的变量中
Close #1
```

```
r1 = Mid(r0, 1, 1)
r2 = Mid(r0, 2, 1)                        ' 表示 r0 字符串中从第二个字符开始取
                                            一个字符放入 r2 中

If r1 = "a" Then
  If r2 = "b" Then
     Text1.Text = " 已通电 "              ' 文本框中显示 " 已通电 "
     Text2.Text = " 已通水 "
  ElseIf r2 = "c" Then
     Text1.Tcxt = " 已通电 "
     Text2.Text = " 已断水 "
  End If
ElseIf r1 = "d" Then
  If r2 = "b" Then
      Text1.Text = " 已断电 "
      Text2.Text = " 已通水 "
  ElseIf r2 = "c" Then
      Text1.Text = " 已断电 "
      Text2.Text = " 已断水 "
  End If
Else
      Text1.Text = ""
      Text2.Text = ""
End If
rrr = Trim(r1) & Trim(r2)                 ' 使用 Trim 函数将某字符串两头空格全
                                            部去除

If r1 = "" Or r2 = "" Then                ' 若 r1 或 r2 中的内容为空,则 nn=1
   nn = 1
Else
   nn = 0
End If
r = 0
s = 8
ss = s
sdata1 = rrr
sData = sdata1
ReDim nByte(10) As Byte                   ' 要发送的数组信息
nByte(0) = 0
nByte(1) = 7
nByte(2) = n
nByte(3) = sData(0)
```

```
        nByte(4) = sData(1)
        nByte(5) = sData(2)
        nByte(6) = sData(3)
        nByte(7) = r
        nByte(8) = ss
        fcs = nByte(1)
        For i = 2 To 8                        '循环执行求异或和
        fcs = fcs Xor nByte(i)
        Next
        nByte(9) = fcs
        nByte(10) = &HFF
        MSComm1.Output = nByte               '发送的数组信息送到输出缓冲区
        If Text1.Text = "已通电" Then
            Picture4.Visible = True
            Picture5.Visible = False
        Else
            Picture4.Visible = False
            Picture5.Visible = True
        End If
        If Text2.Text = "已通水" Then
          Picture2.Height = Picture2.Height + 100      '自来水动画显示
          If Picture2.Height >= 1600 Then Picture2.Height = 0
        Else
            Picture2.Height = 0
        End If
          Label1.Left = Label1.Left + 80  '标题自动右移
        If Label1.Left > 8000 Then
            Label1.Left = -4000
        End If
    End Sub


Private Sub MSComm1_OnComm()              '信息接收事件
Dim r As String, r1 As String, r2 As String, k As Integer
Dim recvTemp() As Byte
Dim sData() As Byte
ReDim recvTemp(255) As Byte
Dim i As Integer
Dim j As Integer
Dim tempi  As Integer
    For i = 1 To 500                        '延时作用
```

```
        For j = 1 To 1000
            tempi = i
            i = tempi
        Next j
    Next i
    Select Case MSComm1.CommEvent    ' 传回 OnComm 事件发生时的数值码
        Case comEvReceive
            recvTemp = MSComm1.Input
            ReDim sData(UBound(recvTemp)) As Byte
    End Select
    On Error GoTo wyx                ' 出现下标越界的错误时，跳到 wyx 处
    sData(0) = recvTemp(2)
    k = Val(sData(0))
    sData(1) = recvTemp(3)
    r1 = Chr(sData(1))               'r1='a' or 'd'
    sData(2) = recvTemp(5)
    r2 = Chr(sData(2))               'r2='b' or 'c'
wyx: r = r1 & r2
    r1 = Mid(r, 1, 1)
    r2 = Mid(r, 2, 1)
    If r1 = "a" Then
      If r2 = "b" Then
        Text1.Text = " 已通电 "
        Text2.Text = " 已通水 "
      ElseIf r2 = "c" Then
        Text1.Text = " 已通电 "
        Text2.Text = " 已断水 "
      End If
    ElseIf r1 = "d" Then
      If r2 = "b" Then
        Text1.Text = " 已断电 "
        Text2.Text = " 已通水 "
      ElseIf r2 = "c" Then
        Text1.Text = " 已断电 "
        Text2.Text = " 已断水 "
      End If
    End If
End Sub


Private Sub Combo1_Click()                  ' 选择楼层事件
```

```
Dim r As String, m As Integer, r1 As String, r2 As String
Command2.Enabled = True
Check1.Enabled = True
Check2.Enabled = True
Timer1.Enabled = False
Check1.Value = 0
Check2.Value = 0
m = Combo1.ListIndex + 1
n = m                                          ' 楼层号
Open "e:\data.txt" For Random As #1 Len = 10
Get #1, m, r                                   ' 将内容读到变量中
Close #1
    r1 = Mid(r, 1, 1)
    r2 = Mid(r, 2, 1)
If r1 = "" Or r2 = "" Then nn = 1
If nn <> 1 Then
    Timer1.Enabled = True
Else
    Timer1.Enabled = False
End If
End Sub
```

五、系统调试

该程序因为使用了网络通信和上位机监控系统，故无法进行模拟调试。有条件的单位可进行现场调试。

六、整理技术文件

调试完系统后，要整理、编写相关的技术文档，主要包括电气原理图（包括主电路、控制电路和输入／输出电路）及设计说明（包括设备选型等），I/O 地址分配表、电路控制流程图，带注释的原程序和软件设计说明，调试记录，系统使用说明书。最后形成正确的、与系统最终交付使用时相对应的一整套完整的技术文档。

任务评价

序号	检查项目	评价方式（总分100 分）
1	PLC 类型选择是否合理	PLC 选择不合理扣 10 分
2	I/O 地址分配是否正确	I/O 地址分配不正确记 0 分
3	接线是否正确（输入、输出、电源）	接线不正确记 0 分
4	程序设计是否正确	程序无法调通酌情扣分
5	能否正确的对系统进行调试	不会对系统进行调试扣 20 分
6	是否编写了技术文档	无技术文档扣 5 分

■‖ 项目总结 ‖■

本项目对可编程控制器的通信及网络基础知识，S7-200 PLC 的通信协议和通信网络等知识作了详细的讲解。并对使用这些指令设计供水供电控制系统作了较详细的介绍，包括控制方案的确定，设备的选择，主电路的设计，系统调试，技术文件的编写整理等，为以后从事相应的工作打下基础。

■‖ 项目检测 ‖■

1. 数据的通信方式有哪些，各有什么特点？
2. 简述令牌总线为防止多站争用总线而采取的控制策略。
3. 在自由端口模式下，怎样解决报文的结束字符与数据字符混淆的问题？
4. PPI、MPI、PROFIBUS 协议的含义是什么？
5. 简述自由口通信数据发送／接收的工作过程。
6. 用 NETR/NETW 指令向导组态连个 CPU 模块之间的数据通信，要求：将 2 号站的 VB10~VB17 送给 3 号站的 VB10~VB17，将 3 号站的 VB20~VB27 送给 2 号站的 VB20~VB27。
7. 将 CPU226 和 CPU224 连成一个网络，其中 CPU226 是主站，CPU224 是从站。要求把 CPU226 内 V 存储区保存的时钟信息用网络读写指令写入 CPU224 的 V 存储区，把 CPU224 内 V 存储区保存的时钟信息读取到 CPU226 的 V 存储区。
8. 在自由端口模式下用发送完成中断实现计算机与 PLC 之间的通信，波特率为 9600bit/s，8 个数据位，1 个停止位，偶校验，无起始字符，停止字符为 16#AA，超时检测时间为 2s，可以接收的最大字符数为 200，接收缓冲区的起始地址为 VB50，试设计 PLC 通信程序中的初始化子程序。

项目六

STEP 7-Micro/WIN 编程软件及仿真软件的使用方法

项目导读

> 可编程控制器的应用必须由编程软件提供支持，把软件和硬件结合起来，完成可编程控制。计算机仿真技术把现代仿真技术与计算机发展结合起来，通过建立系统的数学模型，以计算机为工具，以数值计算为手段，对存在的或设想中的系统进行使用研究。而 S7-200 仿真软件，可以替代西门子硬件 PLC 的仿真软件，在设计好控制程序后，无须 PLC 硬件支持，可以直接调用仿真软件来验证。本项目将对 STEP-Micro/WIN 编程软件及仿真软件的使用做出详细的介绍。

项目要点

本项目主要带领大家学习可编程控制器编程软件及仿真软件的使用，主要包括以下几点：

- 1. STEP7 编程软件的安装和设置
- 2. STEP 7-Micro/WIN 简介
- 3. 编程计算机与 PLC 通信
- 4. 编程
- 5. S7-200 仿真软件

任务：对启保停电路进行仿真

任务引入

安装和设置 S7-200 仿真软件，利用 S7-200 仿真软件进行编程，并对所编写的控制程序进行模拟调试。

任务分析

本任务需要大家掌握 STEP7 编程软件的安装和设置，如何编程，以及如何利用 S7-200 仿真软件对所编写的控制程序进行模拟调试。主要通过大家自己动手操作软件来掌握它们的使用方法，为以后的工作做准备。

知识准备

一、STEP7 编程软件安装和设置

（一）安装条件

STEP7-Micro/WIN V4.0 对计算机的操作系统有如下要求：

（1）Windows2000，SP3 以上；

（2）Windows XP Home；

（3）Windows XP Professional。

> 小提示
>
> 对于非 Windows XP 操作系统，可以在西门子公司网站下载相应的 S7-200 编程软件。

对计算机的硬件有如下要求：

（1）硬盘空间至少为 100MB；

（2）Windows 系统支持的鼠标；

（3）推荐使用的最小屏幕显示分辨率为 1024×768 像素，小字体。

（二）安装步骤

1. 正版 STEP7-Micro/WIN V4.0 软件包

STEP 7 软件包符合面向图形和对象的 Windows 操作原则，可运行在 Windows 2000、Windows XP、Windows Server 2003 下，为适应不同的应用对象，可选择不同的版本。STEP 7 软件包的功能和组成如图 6-1 所示。

（1）SIMATIC 管理器，可浏览 SIMATIC S7、M7、C7 的所有工具软件和数据。

（2）符号编辑器，管理所有的全局变量，用于定义符号名称、数据类型和全局变量的注释。

（3）通信组态，包括组态的连接和显示、定义 MPI 或 PROFIBUS DP 设备之间由

时间或事件驱动的数据传输、定义事件驱动的数据、用编程语言对所选通信块进行参数设置。

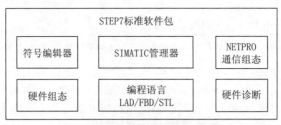

图 6-1 STEP 7 软件包的组成

（4）硬件组态，用于对硬件设备进行配置和参数设置。包括系统组态（选择机架、给各个槽位分配模块、自动生成 I/O 地址）、CPU 参数设置（如启动特性、扫描监视时间等）和模块参数设置（用于定义硬件模块的可调整参数）。

（5）编程语言工具，可以使用梯形图语言（LAD）、功能块图语言（FBD）和语句表语言（STL）。

（6）硬件诊断工具，为用户提供自动化系统的状态，可快速浏览 CPU 的数据以及用户程序运行中的故障原因，也可用图形方式显示硬件配置，如模块的一般信息和状态、显示模块故障、显示诊断缓冲区信息等。

2. 安装步骤

双击安装软件文件夹中的"setup.exe"文件，按照安装向导的安装提示即可完成软件的安装。

（1）安装向导首先提示选择安装过程中使用的语言，默认是英语。

（2）选择安装目的文件夹，默认路径为 C:\Program Files\Siemens\STEP 7-Micro/WIN V4.0，用户也可以根据需要，单击 Browse 按钮重新选择安装目录。

（3）安装过程中，会出现"Set PG/PC Interface"（设置编程器／计算机接口）对话框。选择"PC/PPI Cable"，单击 OK 按钮即可。

（4）安装完成后，单击对话框上的 Finish 按钮重新启动计算机，完成安装。

（5）重新启动计算机后，运行 STEP 7-Micro/WIN 软件，看到的是英文界面。如果想切换到中文环境，执行菜单命令 Tools → Options，单击出现的对话框左边的 General 图标，在 General 选项卡中，选择语言为"Chinese"，单击 OK 按钮后，软件将退出（退出前会给出提示）。退出后，再次启动该软件，界面和帮助文件均变为中文。

小提示

在安装 STEP 7-Micro/WIN 之前，要关闭所有应用程序，包括 Microsoft Office 快捷工具栏。

3. 安装 SP 升级包

STEP 7-Micro/WIN 通过发布 Service Pack 的形式来进行优化和增添新的功能。可以从西门子的网站上下载升级包。安装一次最新的升级包，就可以将软件升级到当前的最新版本。但是，安装升级包只能实现在同一个大版本号序列中的升级，而不能升级到版本号。

二、STEP 7-Micro/WIN 简介

STEP 7-Micro/WIN 把每个 S7-200 系统的用户程序、系统设置等保存在一个项目文件中，扩展名为 mwp。打开一个 *.mwp 文件就打开了相应的工程项目。

图 6-2 所示的是 STEP 7-Micro/WIN V4.0 编程软件的主界面，界面包括菜单栏、浏览条、项目提示、指令树、工具栏、输出窗口等几部分，各部分的功能如下。

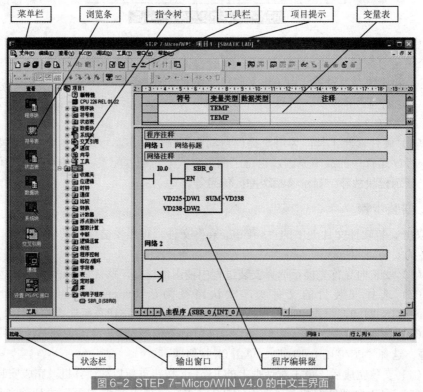

图 6-2 STEP 7-Micro/WIN V4.0 的中文主界面

（一）菜单栏

STEP 7-Micro/WIN V4.0 的主菜单包括文件、编辑、查看、PLC、调试、工具、窗口和帮助 8 个菜单项。

（1）文件　主要功能包括新建、打开、关闭、保存、另存为、设置密码、导入、导出、上载、下载、创建库、增加 / 移除库、页面设置、打印预览、打印和退出等。

（2）编辑　和大多数软件的编辑菜单类似，用来提供编辑程序用的各种工具，如撤销、剪切、复制、粘贴、全选、插入、删除、查找和替换等。

（3）查看　设置编程软件的开发环境，主要功能包括编程语言选择（在 STL、LAD、FBD 间切换）、元件（包含引导条中的所有操作项目）、符号编址、符号表、符号信息表、POU 注解、网络注解、工具栏、帧、书签和属性等。

（4）PLC　用于实现与 PLC 联机时的操作，包括改变 PLC 的工作模式（运行或停止）、编译、全部编译、清除内存、通电时重新设置、PLC 类型、内存盒编程或擦除等。

（5）调试　用于联机调试。

（6）工具　提供复杂指令向导，使编程更容易，自动化程度更高；自定义界面风格、选项等。

（7）窗口　打开一个或多个窗口，并且进行窗口间的切换；窗口的不同排列方式设置。

（8）帮助　可以方便地检索各种帮助信息，并且提供网上查询功能。

（二）浏览条

利用 "查看"→"框架"→"浏览条"菜单命令，可以选择打开或关闭浏览条，执行"工具"→"选项"菜单命令，并选择"浏览条"标记，可以编辑浏览条中字体、字形和字号。

利用浏览条可以实现编程过程中使用按钮控制的快速窗口切换功能，即单击任何一个按钮，则主窗口切换成与此按钮对应的窗口，完成窗口间的快速切换。浏览条中具有程序块、符号表、状态表、数据块、系统块、交叉引用、通信和设置 PG/PC 接口8 个按钮。

知识链接

各个按钮的作用：

（1）程序块　切换到程序编辑器窗口。

（2）符号表　允许用便于记忆的符号来代替存储器的地址，并可以附加注释，使程序更加便于理解。

（3）状态表　用于联机调试时监视各变量的状态和当前值，可以建立一个或多个状态表。

（4）数据块　可以对变量寄存器 V 进行初始数据的赋值或修改，并可附加必要的注释。

（5）系统块　用于配置 S7-200 PLC 的 CPU 选项。

（6）交叉引用　可以提供交叉索引信息、字节使用情况和位使用情况信息，使得 PLC 资源的使用情况一目了然。只有在程序编辑完成后，才能看到交叉索引表的内容。在交叉索引表中双击某个操作数时，可以显示含有该操作数的那部分程序。

（7）通信　可用来建立 PC 与 PLC 之间的通信连接，以及通信参数的设置和修改。

（8）设置 PG/PC 接口　设置通信接口参数。

（三）指令树

利用 "查看"→"框架"→"指令树"菜单命令，可以选择打开或关闭指令树，执行"工具"→"选项"菜单命令，并选择"指令树"标记，可以编辑指令树中字体、字形和字号。指令树包含编程用到的所有命令和 PLC 指令的快捷操作。

（四）项目提示

项目提示用来指示当前用户设计的项目名称。

chapter 01
chapter 02
chapter 03
chapter 04
chapter 05
chapter 06
appendix

（五）工具栏

将最常用的 STEP 7-Micro/WIN 操作以按钮形式设定到工具栏，提供简便的鼠标操作。其主界面共有 4 种工具栏：标准、调试、公用和指令工具栏。可以用"查看"→"工具栏"中的选项来显示或隐藏各类工具栏。执行"查看"→"工具栏"→"全部还原"菜单命令，可在主窗口中将工具栏恢复至原来的位置。要了解有关工具功能的详情，按 Shift+F1 组合键后，在一个工具栏按钮上单击，即可弹出 STEP 7-Micro/WIN 的帮助窗口。

（六）程序编辑器

程序编辑器提供梯形图（LAD）、语句表（STL）和功能块图（FBD）三种程序编写方式。单击程序编辑器底部的标签，可以在主程序、子程序和中断服务程序之间切换。

（七）状态栏

状态栏位于主程序底部，提供有关在 STEP 7-Micro/WIN 操作的信息。

（八）输出窗口

输出窗口用于显示 STEP 7-Micro/WIN 程序的编译结果信息，如各程序块信息、编译结果有无错误以及错误代码和位置等。执行"查看"→"帧"→"输出窗口"菜单命令，可在窗口打开和关闭之间切换。

三、编程计算机与 PLC 通信

（一）硬件连接

计算机和 PLC 之间最简单和经济的方式是使用 PC/PPI（RS-232/PPI 或 USB/PPI）多主站电缆，将 S7-200 PLC 的编程口与计算机的 RS-232 或 USB 相连。具体连接：

（1）将 PPI 电缆上标有"PPI"的 RS-485 端连接到 S7-200 PLC 的通信口；

（2）若是 RS-232/PPI，则将 PPI 电缆上标有"PC"的 RS-232 端连接到计算机的 RS-232 通信口。电缆盒的侧面有拨码开关，用来设置通信波特率、数据位数、工作方式、远端模式等。若是 USB/PPI，则将 PPI 电缆上标有"PC"的 USB 端连接到计算机的 USB 口，对拨码开关不需进行任何设置。（RS-232/PPI 也可以通过使用 USB/RS-232 转换器连接到计算机 USB 口）

（二）通信设置

软件安装和硬件连接完毕，可以按照以下步骤设置通信接口的参数。

1. 打开"设置 PG/PC 接口"对话框

打开"设置 PG/PC 接口"对话框的方法有以下几种：

（1）在 STEP 7-Micro/WIN 中执行菜单命令"查看"→"组件"→"设置 PG/PC 接口"；

（2）执行菜单命令"查看"→"组件"→"通信"，在弹出的"通信"对话框中双击 PC/PPI 电缆的图标（或单击"设置 PG/PC 接口"图标）；

（3）直接单击浏览条中的"设置 PG/PC 接口"；

（4）双击指令树中"通信"指令下的"设置 PG/PC 接口"指令。

执行以上步骤均可以打开"设置 PG/PC 接口"对话框，如图 6-3 所示。

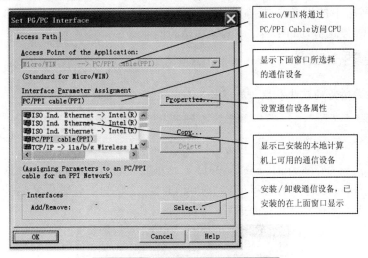

图 6-3　"设置 PG/PC 接口"对话框

2. 打开 PC/PPI Cable（PPI）参数设置对话框

图 6-3 中，Interface Parameter Assignment 选 择 项 默 认 是 PC/PPI Cable (PPI)。单击 Properties 按钮，出现 PC/PPI Cable(PPI) 属性窗口，如图 6-4 所示。

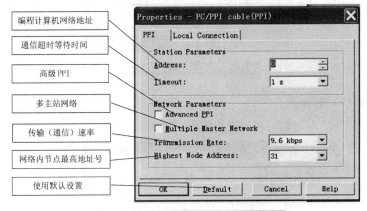

图 6-4　PC/PPI Cable(PPI) 参数设置

Station Parameters（站参数）的 Address（地址）框中，运行 STEP 7-Micro/ WIN 的计算机（主站）的默认站地址为 0。在 Timeout（超时）框中设置建立通信连接的最长时间，默认值为 1s。

勾选 Advanced PPI（高级 PPI）复选框是允许在 PPI 网络中与一个或多个 S7-200 CPU 建立多个连接。S7-200 CPU 的通信口 0 和通信口 1 分别可以建立 4 个连接。

勾选 Multiple Master Network（多主站网络）复选框，即可以启动多主站模式，未选时为单主站模式。在多主站模式中，编程计算机和 HMI（如 TD200 和触摸屏）是通信网络中的主站，S7-200 CPU 作为从站。在单主站模式中，用于编程的计算机是主站，一个或多个 S7-200 是从站。

chapter 01

chapter 02

chapter 03

chapter 04

chapter 05

chapter 06

appendix

如果使用多主站 PPI 电缆，可以忽略多主站网络和高级 PPI 复选框。

Transmission Rate（传输速率）的默认值为 9.6kbit/s。

根据网络中的设备数选择 Highest Node Address（最高站地址）。这是 STEP 7-Micro/WIN 停止检查 PPI 网络中其他主站的地址。

小提示

上面所讲的默认参数一般不必改动，核实之后直接单击 OK 按钮即可。

3. 选择编程计算机通信口

在 Properties-PC/PPI cable(PPI) 对话框的 Local Connection（本地连接）选项卡中，选择实际连接的编程计算机 COM 口（RS-232/PPI 电缆）或 USB 口（USB/PPI 电缆），如图 6-5 所示。选择完成后，单击 OK 按钮。

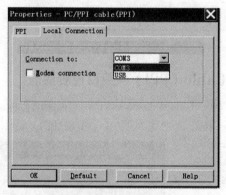

图 6-5 选择编程计算机通信口

4. 刷新通信网络

打开 "通讯" 对话框，双击刷新图标，如图 6-6 所示。

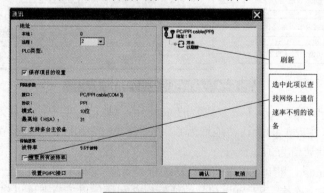

图 6-6 "通讯" 对话框

执行刷新指令后，将检查所连接的所有 S7-200 CPU 站，并为每个站建立一个 CPU 图标，并显示该 CPU 的型号、版本号和网络地址。

完成上述步骤后，就建立了计算机和 S7-200 PLC 之间的在线联系。

（三）PLC 通信参数的设置

建立了计算机和 PLC 的在线联系后，就可以利用 STEP 7-Micro/WIN 软件检查、设置和修改 PLC 通信参数了。

单击浏览条中的"系统块"图标，或者选择"查看"→"组件"→"系统块"选项，将打开"系统块"对话框，如图 6-7 所示。

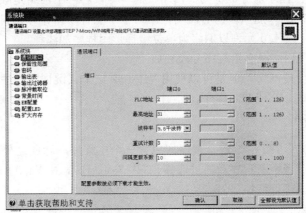

图 6-7 "系统块"对话框

在图 6-7 中，单击系统块下方感兴趣的图标，可打开对应的选项卡，检查和修改有关参数，确认无误后，单击"确认"按钮确认设置的参数，并自动退出"系统块"对话框。

设置完所有的参数后，单击工具栏中的"下载"按钮，把修改后的参数下载到 PLC。只有把所有修改后的参数下载到 PLC 中，设置的参数才起作用。

（四）不同 PLC 类型的设置

执行菜单命令"PLC"→"类型"，会弹出"PLC 类型"对话框，如图 6-8 所示。图中，在"PLC 类型"下拉列表框中，可以选择 PLC 的类型；在"CPU 版本"下拉列表框中，可以选择 CPU 版本号。如果希望软件检查 PLC 的存储区范围参数，可以单击"读取 PLC"按钮。该对话框中也有一个"通信..."按钮，功能同前所述，即单击后进入图 6-6 所示的"通讯"对话框。

图 6-8 "PLC 类型"对话框

四、编程

（一）编程的概念和规则

基于计算机的编程软件 STEP 7-Micro/WIN V4.0 提供了不同的编辑器选择，用于

chapter 01

chapter 02

chapter 03

chapter 04

chapter 05

chapter 06

appendix

创建控制程序。对于初学者来说，在语句表、梯形图、功能块图这三种编辑器中，梯形逻辑编辑器最易于了解和使用，故下面主要以梯形逻辑编辑器（简称 LAD 编辑器）为例，介绍 STEP 7-Micro/WIN 编程的一些基本概念和规则。

■||1. 网络

在梯形图中，程序被分成称为"网络"的一些段。一个网络是触点、线圈和功能框的有序排列。能流只能从左向右流动，网络中不能有断路、开路和反方向的能流。STEP 7-Micro/WIN V4.0 允许以网络为单位给梯形图程序加注释。

FBD 编程使用网络概念给程序分段和加注释。

STL 程序不使用网络，但是可以使用 Network 这个关键词对程序分段，从而可以将 STL 程序转换成 LAD 或 PBD 程序。

■||2. 执行分区

在 LAD、PBD 或 STL 中，一个程序应包含一个主程序。除此之外，还可以包括一个或多个子程序或者中断程序。通过选择 STEP 7-Micro/WIN V4.0 的分区选项，可以容易地在程序之间进行切换。

■||3. EN/ENO

EN（使能输入）是 LAD 和 FBD 中功能块的布尔量输入。对于要执行的功能块，这个输入必须存在能流。在 STL 中，指令没有 EN 输入，但是对于要执行的 STL 语句，栈顶的值必须是"1"，指令才能执行。

ENO（使能输出）是 LAD 和 FBD 中功能块的布尔量输出。它可以作为下一个功能块的 EN 输入，即几个功能块可以串联在一行中。只有前一个功能块被正确执行，该功能块的 ENO 输出才能把能流传到下一个功能块，下一个功能块才能被执行。如果在执行过程中存在错误，那么能流就在出现错误的功能块处终止。

在 SIMTIC STL 中没有 ENO 输出，但是，与带有 ENO 输出的 LAD 和 FBD 指令相对应的 STL 指令设置了一个 ENO 位。可以用 STL 指令的 AENO（AND ENO）指令存取 ENO 位，可以用来产生与功能块的 ENO 相同的效果。

■||4. 条件输入、无条件输入指令

必须有能流输入才能执行的功能块或线圈指令称为条件输入指令，它们不能直接连接到左侧母线上。如果需要无条件执行这些指令，可以用接在左侧母线上的SM0.0（若PLC 正常，则该位始终为 1）的常开触点来驱动它们。

有的线圈或功能块的执行与能流无关，如标号指令（LBL）和顺序控制指令（SCR）等，称为无条件输入指令，应将它们直接接在左侧母线上。

■||5. 无输出的指令

不能级联的指令块没有 ENO 输出端和能流流出，如子程序调用、JMP、CRET 等。也有只能放在左侧母线的梯形图线圈，它们包括 LBL、NEXT、SCR 和 SCRE 等。

■||6. LAD 编辑器符号说明

被编程软件自动加双引号的符号名表示其是全局符号名，如符号"#var1"中的"#"表示该符号后的 var1 是局部变量。

　　□方框提示要进行输入操作的位置。红色问号操作数 "??.?" 或 "????" 表示需要输入的地址或数值。红色波浪线或红字提示操作数错误，绿色波浪线显示变量或符号未经定义。

　　梯形图中的符号 "—>|" 表示输出的是一个可选的能量流，用于指令的级联。

　　梯形图中的符号 "—»" 指示有一个值或一个能流可以使用。

（二）项目的创建

　　用 STEP 7-Micro/WIN 软件创建的工程文件的扩展名为 mwp。生成一个工程文件的方法有 3 种：新建一个项目文件、打开已有的项目文件和从 PLC 上载项目文件。

1. 新建一个项目文件

　　有 3 种方法创建一个新项目：

　　（1）执行 "文件" → "新建" 菜单命令；

　　（2）单击工具栏中的 "新建项目" 按钮；

　　（3）按 Ctrl+N 组合键。

　　每个 STEP 7-Micro/WIN 只能打开一个项目。如果需要同时打开两个项目，必须运行两个 STEP 7-Micro/WIN 软件，此时可在两个项目之间复制和粘贴 LAD/FBD 程序元素和 STL 文本。

2. 打开已有的项目文件

　　打开现有项目的方法有 4 种。

　　（1）执行 "文件" → "打开" 菜单命令；

　　（2）单击工具栏中的 "打开项目" 按钮；

　　（3）按 Ctrl+O 组合键；

　　（4）打开 *.wmp 文件所在文件夹，双击该 wmp 文件。

3. 从 PLC 上载项目文件

　　有 3 种方法可从 PLC 上传项目文件到 STEP 7-Micro/WIN 程序编辑器。

　　（1）执行 "文件" → "上载" 菜单命令；

　　（2）单击工具栏中的 "上载项目" 按钮；

　　（3）按 Ctrl+U 组合键。

（三）程序编写

　　以图 6-9 所示的梯形图为例介绍程序的输入操作。运行 STEP 7-Micro/WIN 即建立一个默认名称为 "项目 1" 的项目。利用程序编辑器窗口进行编程操作。

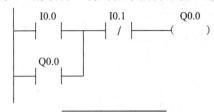

图 6-9 梯形图程序

1. 输入程序

在 LAD 编辑器中有 4 种输入程序指令的方法：鼠标拖放、鼠标单击、工具栏按钮、特殊功能键（如 F4、F6、F9 等）

（1）鼠标单击输入程序的方法

如图 6-10 所示，鼠标单击输入程序的方法有如下 3 个步骤：

①在程序编辑窗口选择指令的位置；

②在指令树中找到要输入的指令，单击则将其添加在所指定的位置上；

③补充完指令所需的地址或数据。

（2）鼠标拖放输入程序的方法

不需在程序编辑窗口选择指令的位置，在指令树中找到要输入的指令按住鼠标左键不放，将其拖到所要放置的位置释放即可。

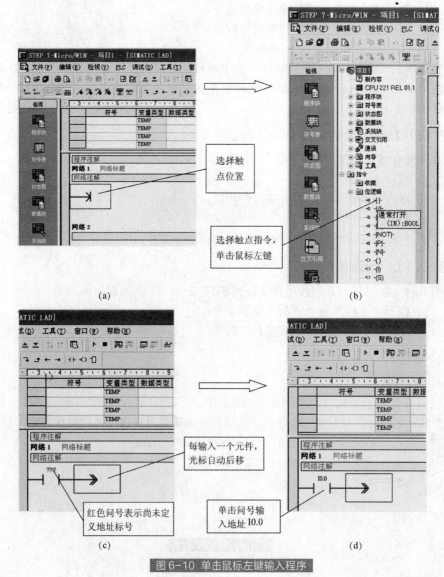

图 6-10 单击鼠标左键输入程序

（3）使用工具栏上的编程按钮输入程序的方法

工具栏上的编程按钮如图6-11所示。使用工具栏上的编程按钮输入程序步骤如下：

①在程序编辑窗口选择指令的位置；

②在工具栏上单击指令按钮，在弹出的下拉菜单中选择需要的指令。

（4）使用特殊功能键输入程序的方法

①在程序编辑窗口选择指令的位置；

②按计算机键盘上的F4、F6或F9键，在弹出的下拉菜单中选择需要的指令。

▍2. 编辑 LAD 线段

LAD 程序使用"线段"连接各个元件，可以使用工具栏上的"向下线""向上线""向左线"和"向右线"等按钮（见图6-11），或者用键盘上的 Ctrl+ ↑、↓、←、→键进行编辑。

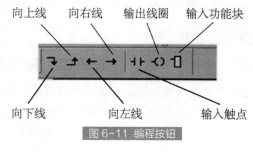

图 6-11 编程按钮

▍3. 插入和删除

STEP 7-Micro/WIN 软件支持常用编辑软件所具备的插入和删除功能。通过键盘或者菜单命令可以方便地插入和删除一行、一列、一个网络、一个子程序或者中断程序，在编辑区右击要进行操作的位置，弹出快捷菜单，选择"插入"或"删除"选项，在弹出的子菜单中单击要插入或删除的项。其中"竖直"用来插入和删除垂直的并联线段。可以用"编辑"菜单中的命令进行以上相同的操作。按 Delete 键可以删除光标所在位置的元件。

▍4. 程序块操作

在编辑器左母线左侧单击，可以选中整个程序块。按住鼠标左键拖动，可以选中多个程序块。对选中的程序块可以进行剪切、删除、复制和粘贴等操作，其方法与一般文字处理软件中的相应操作方法完全相同，也可以通过菜单操作。

（四）程序编译和下载

在 STEP 7-Micro/WIN 中编辑的程序必须编译成 S7-200 CPU 能识别的机器指令，才能下载到 S7-200 CPU 内运行。

执行"PLC"→"编译"或"全部编译"菜单命令，或者单击工具栏的"编译"或"全部编译"按钮来执行编译功能。编译命令用于编译当前所在的程序窗口或数据块窗口；全部编译命令用于编译项目文件中所有可编译的内容。

执行编译命令后，在信息输出窗口会显示相关的结果。图6-12为图6-2所示程序，执行全部编译命令后的编译结果没有错误。信息输出窗口会显示程序块和数据块的大

小以及编译过程中发现的错误。如果故意制造错误，如将 Q0.0 改为 Q80.0，重新编译出的结果如图 6-13 所示，显示程序块中有 1 个错误，并给出错误所在网络、行、列、错误代码及描述。

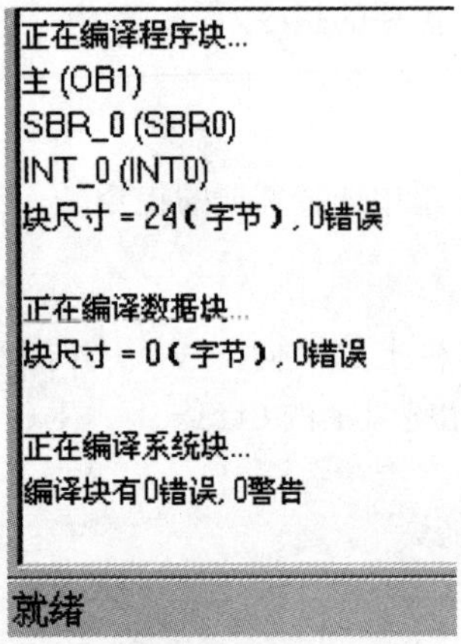

图 6-12

```
正在编译程序块...
主 (OB1)
SBR_0 (SBR0)
INT_0 (INT0)
块尺寸 = 24（字节），0错误

正在编译数据块...
块尺寸 = 0（字节），0错误

正在编译系统块...
编译块有0错误，0警告

就绪
```

图 6-13

```
正在编译程序块...
主 (OB1)
网络1，行1，列3：错误37：(操作数1) 指令操作数的内存编址范围无效。
SBR_0 (SBR0)
INT_0 (INT0)
块尺寸 = 0（字节），1错误

正在编译数据块...
块尺寸 = 0（字节），0错误

正在编译系统块...
编译块有0错误，0警告

就绪
```

图 6-12 编译成功的例子 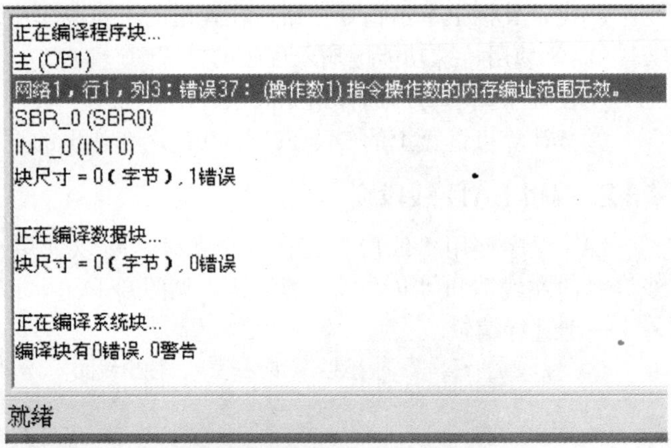   图 6-13 编译有错误的例子

只有改正了编译过程中出现的所有错误，编译才算成功，才能下载程序到 PLC。

如果计算机与 PLC 建立通信连接，且程序编译无误，可以将它下载到 PLC 中。下载操作必须在 STOP 模式下进行。下载时 CPU 可以自动切换到 STOP 模式。STEP 7-Micro/WIN 中设置的 CPU 型号必须与实际的型号相符，如果不相符，将出现警告信息，应修改 CPU 的型号后再下载。下载操作会自动执行编译命令。

执行"文件"→"下载"菜单命令，或者单击工具栏的"下载"按钮，在出现的下载对话框中，选择要下载的程序块、数据块和系统块等。单击"下载"按钮，开始下载。

下载是从计算机将程序块、数据块或系统块装载到 PLC，上载则反之，并且符号表或状态表不能上载。

（五）程序调试及运行监控

STEP7-Micro/WIN 32 编程软件提供了系列工具，可使用户直接在软件环境下调试并监视用户程序的执行情况。

1. 选择扫描次数

STEP7-Micro/WIN 32 编程软件可选择单次或多次扫描来监视用户程序，可以指定主机以有限的扫描次数执行用户程序。通过选择主机的扫描次数，当过程变量改变时，可以监视用户程序的执行情况。

（1）单次扫描方式　将 PLC 置于 STOP 模式，执行"调试（Debug）"菜单中的"第一次扫描"命令。

（2）多次扫描方式　将 PLC 置于 STOP 模式，执行"调试（Debug）"菜单中的"多次扫描"命令，确定执行的扫描次数，然后单击"确认"按钮进行监视。

2. 用状态表监控程序

STEP7-Micro/WIN 32 编程软件可使用状态表来监视用户程序，在程序运行时，可

以用状态表来读、写监视和强制 PLC 的内部变量。并可以通过强制操作来修改用户程序中的变量。使用状态表，用户可以跟踪程序的输入、输出或者变量，显示它们的当前值。状态表还允许用户去强制或改变过程变量的值。

（1）创建新的状态图表　　如果程序中要监视的元件很多，为了监控应用程序中不同部分的元件，可以将要监控的元件分组，创建多个状态图表。具体操作：右击引导条中的状态表图标，在弹出的窗口中选择"插入状态表"选项，就可创建新的状态表。

创建状态表时，用户应该输入要监控的过程变量的地址。用户无法监视常数、累加器和局部变量的状态。可以按位或字两种形式来显示定时器和计数器的值，以位形式显示的是定时器和计数器的状态位，而以字形式则显示定时器和计数器的当前值。

（2）打开和编辑已有的状态图表　　要打开已有的状态表，可以单击引导条中的状态表图标，或选择"检视（View）"→"状态表"选项即可。这两种方法都可以打开已有的状态表，并且可以对打开的状态表进行编辑操作。

选择"编辑（Edit）"→"插入"选项或右击状态表中的单元，可在状态表中当前光标位置的上部插入新的一行，也可以将光标置于最后一行中的任意单元后，按↓键，将新的一行插入状态表的底部，在符号表中选择变量并将其复制在状态表中，这种方法可以加快创建状态表的速度。

（3）启动和关闭状态图表　　STEP7-Micro/WIN 32 与 PLC 通信成功后，打开状态表，选择"调试（Debug）"→"开始图状态"选项或单击工具栏中的"图状态"按钮，可启动状态表，再操作一次可关闭状态表。

状态表被启动后，编程软件可监视程序运行时的状态信息，并对表中的数据更新。这时还可以强制修改状态表中的变量。打开状态表并不能查看程序状态，必须启动图状态后才能获取状态信息；若状态表是空的，则启动状态表也毫无意义，必须先建立状态表。

（4）建立一个状态图来监视变量　　首先在地址区输入需要的地址，接着在格式列中选择数据类型，然后执行"调试（Debug）"→"开始图状态"命令来监视 S7-200 中过程变量的状态。要连续采样数值或者单次读取状态，可以单击工具栏中相应的按钮。状态图也允许强制或修改过程变量的值。在状态栏窗口中单击"状态图"按钮或选择"检视（View）"→"状态图"选项。出现状态图表，如图 6-14 所示。

	地址	格式	当前值	新数值
1	I0.0	位	2#0	
2	I0.1	位	2#1	
3	I0.2	位	2#1	
4	Q0.0	位	2#0	
5	Q0.1	位	2#0	

图 6-14　状态图表

程序运行时，可使用状态图来读、写、监视和强制其中的变量。当用状态图表时，可将光标移到某一个单元格，右击单元格，在弹出的下拉菜单中单击一项即可实现相应的编辑操作。根据需要，可建立多个状态图表。状态图表的工具图标在编程软件的工具栏内。单击可激活这些工具图标，如程序状态、暂停程序状态、图状态、单次读取、全部写入、强制、取消强制、取消全部强制和读取所有强制等。如图 6-15 所示。

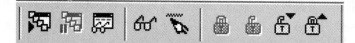

图 6-15 工具图标

（5）强制指定值

用户可以用状态图表来强制用指定值对变量赋值，所有强制改变的值都存到主机固定的 E2PROM 存储器中。

①强制范围　强制制定一个或所有的 Q 位；强制改变最多 16 个 V 或 M 存储器的数据，变量可以是字节、字或双字类型；强制改变模拟量映像存储器 AQ，变量类型为偶字节开始的字类型。用强制功能取代了一般形式的读写。同时，采用输出强制时，以某一个指定值输出，当主机变为 STOP 方式后输出将变为强制值，而不是设定值。

②强制单个值　若强制一个新值，可在状态图表的"新数值（New Value）"栏输入新值，然后单击工具栏中的"强制"按钮。

若强制一个已经存在的值，可以在"当前值（Current Value）"栏单击并点亮这个值，然后单击"强制"按钮。

③读取全部强制操作　打开状态图表窗口，单击工具栏中的"读取全部强制"按钮，则状态图表中所有被强制的当前值的单元格中会显示强制符号。执行读取全部强制功能时，状态表中被强制地址的当前值列将在曾被显式强制、隐式强制或部分隐式强制的地址处显示一个图标。灰色的锁定图标表示该地址被隐式强制，对它取消强制之前不能改变此地址的值。

④取消单个强制操作　选择一个被强制的操作数，然后单击"取消强制"按钮，则锁定图标将会消失。

⑤取消全部强制操作　打开状态图表，单击工具条中的"取消全部强制"按钮，可解除所有强制操作。

3. 运行模式下编辑程序

在运行模式下编辑，可以在对控制过程影响较小的情况下，对用户程序做少量的修改。下载修改后的程序时，将立即影响系统的控制运行，所以使用时应特别注意。S7-200 可进行这种操作的 PLC 有 CPU224、CPU226 和 CPU226XM 等。

具体操作步骤：

（1）执行"调试（Debug）"→"使用执行状态"命令，因为 RUN 模式下只能编辑主机中的程序，如果主机中的程序与编程软件窗口中的程序不同，系统会提示用户存盘。

（2）屏幕弹出警告信息　单击"继续"按钮，所连接主机中的程序将被上载到编程主窗口，便可以在运行模式下进行编辑，编辑前应退出程序状态监视。

（3）在运行模式下进行下载　在程序编译成功后，可通过"文件（File）"→"下载"命令，或单击工具栏中的"下载"按钮，将程序块下载到 PLC 主机。下载之前要认真考虑可能产生的后果。在运行模式下，只能下载项目文件中的程序块，PLC 需要一定的时间对修改的程序进行背景编译。

（4）退出运行模式编辑 执行"调试（Debug）"→"使用执行状态"命令，然后根据需要选择"选项"中的内容。

▋▊4. 梯形图程序的状态监视

三种程序编辑器（梯形图、语句表和功能表）都可在 PLC 运行时监视程序的执行情况、各元件的执行结果和操作数的数值。

利用梯形图编辑器可以监视在线程序状态，如图 6-16 所示。图中被点亮的元件表示处于接触状态。

梯形图中显示所有操作数的值，所有这些操作数状态都是 PLC 在扫描周期完成时的结果。使用梯形图监控时，不是在每个扫描周期都采集状态值，并在屏幕的梯形图中显示，而是间隔多个扫描周期采集一次状态值，然后刷新梯形图中各值的状态显示。在通常情况下，梯形图的状态显示不反映程序执行时的每个编程元素的实际状态，但这并不影响使用梯形图来监控程序状态。

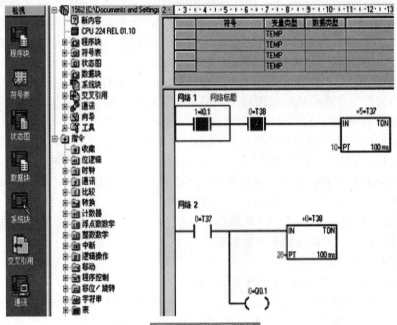

图 6-16 梯形图监视

打开监视梯形图的方法是：可以执行"工具（Tools）"→"选项"命令，选择"程序编辑器"选项卡，确定一种梯形图的样式；或直接打开梯形图窗口，在工具栏中单击"程序状态"按钮，即可进行梯形图监视。

梯形图可选择的样式有三种：指令内部显示地址和外部显示值、指令外部显示地址和外部显示值、只显示状态值。

语句表程序监视和功能块图程序监视的方法与梯形图程序监视方法相似，读者可以根据具体实际情况进行选用。

▋▊5. S7-200 的出错处理

S7-200 的错误类型可以分为致命错误和非致命错误两大类。通过执行

"PLC"→"信息"命令来查看产生错误的错误代码，PLC 信息对话框的内容包括错误代码和错误描述。

（1）非致命错误　非致命错误是指用户程序结构问题、用户程序指令执行问题和扩展 I/O 模块问题。可以用 STEP7-Micro/WIN 来得到所产生错误的错误代码。非致命错误有三种基本分类。

①程序编译错误　当下载程序时，S7-200 会编译程序，如果 S7-200 发现程序违反了编译规则，会停止下载并产生一个错误代码（已经下载到 S7-200 中的程序将仍然在永久存储区中存在，并不会丢失），可以在修正错误后再次下载程序。

②I/O 错误　启动时，S7-200 从每个模块读取 I/O 配置，正常运行过程中，S7-200 周期性的检测每个模块的状态并与启动时得到的配置相比较。如果 S7-200 检测到差别，它会将模块错误寄存器中配置错误标志位。除非此模块的组态再次和启动时得到的组态相匹配，否则 S7-200 不会从此模块中读输入数据或写输出数据到此模块。

③程序执行错误　在程序执行过程中有可能产生错误，这类错误有可能是因使用了不正确的指令或在过程中产生了非法数据。例如，一个编译正确的间接寻址指针，在程序执行过程中，可能会改为指向一个非法地址。程序执行错误信息存储在特殊寄存器（SM）标注位置中，应用程序可以监视这些标志位。

当 S7-200 发生非致命错误时，S7-200 并不切换到 STOP 模式，而仅仅是把事件记录到 SM 存储器中并继续执行应用程序，但是如果用户希望在发生非致命错误时，将CPU 切换到 STOP 模式，可以通过编程实现。

（2）致命错误　致命错误会导致 S7-200 停止程序执行。按照致命错误的严重程度，S7-200 使其部分或全部功能无法执行。处理致命错误的目的是把 CPU 引向安全模式，CPU 可以对存在的错误条件做出响应。当检测到一个致命错误时，S7-200 将切换到 STOP 模式，打开 SF/SIAG（Red）和 STOP LED，忽略输出表，并关闭输出，除非致命错误条件被修正，否则 S7-200 将保持这种状态不变。一旦消除了致命错误条件，必须重新启动 CPU，可以用以下方法重新启动 CPU。

①重新启动电源；

②将模式开关由 RUN 或者 TERM 变为 STOP；

③执行"PLC"→"通电时重设"命令可以强制 CPU 启动并消除所有致命错误。

重启 CPU 会清除致命错误，并执行上电诊断测试来确认已改正错误。如果发现其他致命错误，CPU 会重新点亮错误 LED 指示灯，表示仍存在错误。有些错误可能会使CPU 无法进行通信，这种情况下无法看到来自 CPU 的错误代码，这种错误表示硬件故障，CPU 模块需要修理，而修改程序或清除 CPU 内存是无法清除这些错误的。

五、S7-200 仿真软件

1. 仿真软件简介

如果没有实体 PLC，而又想校验编写的程序是否正确，那么可以考虑使用"PLC仿真软件"。虽然西门子公司的 S7-300/400 PLC 有非常好的仿真软件 PLCSIM，但是没有提供 S7-200 的仿真软件，此时可以在网上搜索"S7-200 仿真软件"并下载。

该仿真软件可以仿真大量的 S7-200 指令，支持常用的位触点指令、定时器指令、计数器指令、比较指令、逻辑运算指令和大部分的数学运算指令等，但部分指令如顺序控制指令、循环指令、高速计数器指令和通信指令等尚无法支持。另外对中断和子程序的命令支持的也不是很好。仿真程序提供了数字信号输入开关、两个模拟电位器和 LED 输出显示，仿真程序同时还支持对 TD-200 文本显示器的仿真，在实验条件尚不具备的情况下，可以作为学习 S7-200 的一个辅助工具。

2. 仿真软件使用方法

（1）本软件无需安装，解压缩后双击 S7_200.exe 即可使用；

（2）仿真前，先用 STEP 7 - Micro/WIN 编写程序，编写完成后执行菜单命令"文件"→"导出"，弹出一个"导出程序块"的对话框，选择存储路径，填写文件名，保存类型的扩展名为 awl，然后单击"保存"按钮保存即可。

（3）打开仿真软件，输入密码"6596"，双击 PLC 面板选择 CPU 型号，执行菜单命令"程序"→"装载程序"，在弹出的对话框中选择要装载的程序部分和 STEP 7 - Micro/WIN 的版本号，一般情况下选"全部"就行了，之后单击"确定"按钮，找到 awl 文件的路径"打开"导出的程序，在弹出的对话框中单击"确定"按钮，再单击那个绿色的三角运行按钮使 PLC 进入运行状态，单击下面那一排输入的小开关给 PLC 输入信号就可以进行仿真了。

3. 仿真软件界面介绍

仿真软件的界面如图 6-17 所示，和所有基于 Windows 的软件一样，仿真软件最上方是菜单栏，仿真软件的所有功能都有对应的菜单命令；在工具栏中列出了部分常用的命令（如 PLC 程序加载，启动程序，停止程序、AWL、KOP、DB1 和状态观察窗口等）。

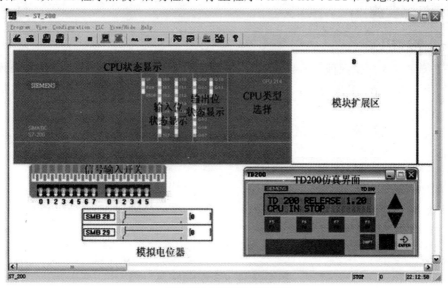

图 6-17 仿真软件界面

知识链接

常用菜单命令介绍

Program|Load Program: 加载仿真程序。（仿真程序梯形图必须为 awl 文件，数据块必须为 db1 或 txt 文件）

Program|Paste Program（OB1）：粘贴梯形图程序

Paste Program（DB1）：粘贴数据块

View|Program AWL：查看仿真程序（语句表形式）

View|Program KOP：查看仿真程序（梯形图形式）

View|Data（DB1）：查看数据块

View|State Table：启用状态观察窗口

View|TD200：启用 TD200 仿真

Configuration|CPU Type：设置 CPU 类型

输入位状态显示：对应的输入端子为 1 时，相应的 LED 变为绿色

输出位状态显示：对应的输出端子为 1 时，相应的 LED 变为绿色

CPU 类型选择：单击该区域可以选择仿真所用的 CPU 类型

模块扩展区：在空白区域单击，可以加载数字和模拟 I/O 模块

信号输入开关：用于提供仿真需要的外部数字量输入信号

模拟电位器：用于提供 0～255 连续变化的数字信号

TD200仿真界面：仿真 TD200 文本显示器（该版本 TD200 只具有文本显示功能，不支持数据编辑功能）

任务实施

一、准备工作

仿真软件不提供源程序的编辑功能，因此必须和 STEP7 Micro/Win 程序编辑软件配合使用，即先在 STEP7 Micro/Win 中编辑好源程序后，再加载到仿真程序中执行。

（1）在 STEP7 Micro/Win 中编辑好梯形图，如图 6-18 所示。

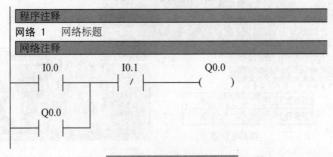

图6-18 启保停电路程序

（2）利用 File|Export 命令将梯形图程序导出为扩展名为 awl 的文件，

（3）如果程序中需要数据块，需要将数据块导出为 txt 文件。

二、程序仿真

（1）打开模拟软件，输入 SN：6596。

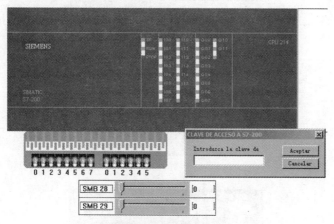

图 6-19 打开模拟软件

（2）双击西门子虚拟模块，弹出 CPU Type 对话框，如图 6-20 所示。选择 CPU 与编辑程序所选 CPU 一致，在此选择 CPU222，单击 Aceptar 按钮确认。

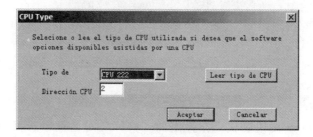

图 6-20 选择 CPU 类型

（3）返回仿真软件界面单击"下载"按钮，如图 6-21 所示。

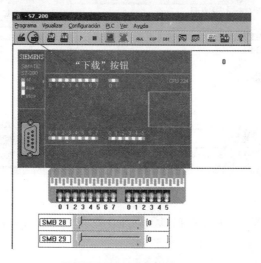

图 6-21 单击"下载"按钮

（4）弹出如下对话框，如图 6-22(a) 所示。只选择逻辑块，如图 (b) 所示。

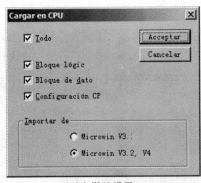

(a) 默认设置

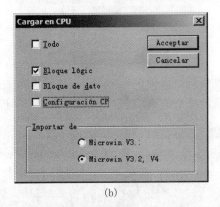

(b)

图 6-22 Cargar en CPU 对话框

单击 Acceptar 按钮确认。在弹出的"打开"对话框中选择刚才导出的文件
1.awl，如图 6-23 所示。

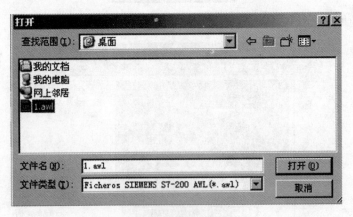

图 6-23 选择文件

（5）单击"打开"按钮，弹出以下界面，如图 6-24 所示。

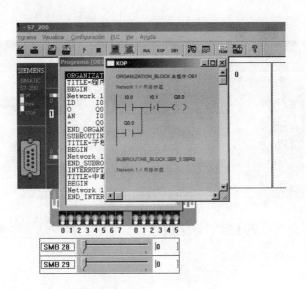

图 6-24 弹出语句表和梯形图

其中一块是语句表，一块是梯形图。如果未出现该界面，单击工具栏上的图标

AWL KOP DB1 中的 AWL KOP。

（6）单击"启动"按钮，如图 6-25 所示。

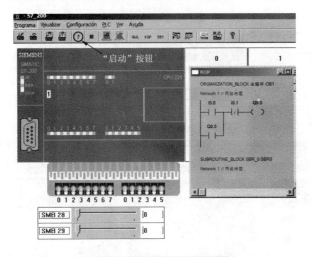

图 6-25 单击"启动"按钮

（7）在弹出的 RUN 提示框中选择"是（Y）"，如图 6-26 所示。

图 6-26 RUN 提示框

chapter 01

chapter 02

chapter 03

chapter 04

chapter 05

chapter 06

appendix

（8）模拟 CPU 运行指示灯变绿运行，如图 6-27 所示。

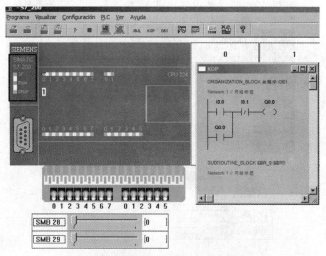

图 6-27 CPU 运行指示灯模拟运行

（9）单击工具栏上的图标 即可监视运行状态。

（10）单击虚拟 CPU 下面的输入点端子，对应的指示灯就会变绿，如图 6-28 所示。

图 6-28 输入点端子及其指示灯

（11）在此单击 I0.0 端子，如图 6-29 所示。

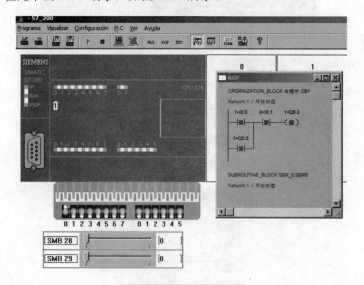

图 6-29 单击 I0.0 端子

根据所编写的程序可以使 Q0.0 输出。监视梯形图也是如此。

以下的操作很简单，在此不再赘述。

SMB28 和 SMB29 是两个电位器，可以用光标拖动滑块改变其数值，如想要其触发动作，须编写相应的程序。对于模拟量可以设置输入输出配置。对于输入同样也是拖动滑块改变模拟量数字大小。

 **任务评价**

序号	检查项目	评价方式（总分100 分）
1	控制程序是否编写完成	若无程序，记零分
2	程序是否能正确下载到仿真软件中	程序不能下载正确，扣 20 分
3	模拟 CPU 运行是否正确	不正确的操作扣 10 分

▰▮ 项目总结 ▮▰

本项目对 S7-200 的编程软件及仿真软件的使用方法作了详细的介绍。并就对启保停程序的仿真作了详细的讲解，为以后的工作打下基础。

▰▮ 项目检测 ▮▰

1. 讨论编程软件的使用方法和步骤。
2. 如何在梯形图中划分网络？
3. 主菜单有几个？主菜单、工具栏和浮动菜单有什么关系？
4. 状态表监控和程序监控这两种功能有什么区别？什么情况下必须使用状态表？
5. 简述仿真软件的使用方法。

chapter 01

chapter 02

chapter 03

chapter 04

chapter 05

chapter 06

appendix

附录　拓展实训

拓展实训一　电动机 Y/ △形启动
PLC 控制系统

▌ 一、实训目的

1. 了解和熟悉 STEP 7-Micro/WIN 编程软件的使用方法；

2. 了解输入、编辑用户程序的方法，以及用编程软件对用户程序的运行进行监视的方法；

3. 熟悉 S7-200 PLC 的基本逻辑指令，熟悉设计和调试程序的方法。

▌ 二、实训装置

1. 可编程控制器实训装置一套

2. 实训导线若干

3. PC/PPI 通信电缆一条

4. 计算机一台

▌ 三、实训内容及步骤

1. 设计电动机 Y/ △形启动运行框图

2. 设计梯形图控制程序

3. 运行并调试程序

▌ 四、实训控制要求

1. 按下启动按钮，系统启动。按下停止按钮，系统停止。

2. 启动时，要求电动机先为 Y 形连接，过一段时间再变成△形连接运行。

3. 输入 / 输出点

输入点	输出点
启动：I0.0	继电器 KM1：Q0.0
停止：I0.1	Y 形连接继电器 KM2：Q0.1
	△形连接继电器 KM3：Q0.2

五、参考程序

```
    I0.0                                    I0.1      M0.0
  ┤ ├─┬─────────────────────────────────┤/├──────( )
    M0.0 │
  ┤ ├─┘

    M0.0                              T39
  ┤ ├─┬──────────────────────┤ IN    TON │
       │                       │          │
       │                    60─┤ PT  100 ms│
       │
       │                    T40
       └──────────────┤ IN    TON │
                       │          │
                    10─┤ PT  100 ms│

    M0.0      T40        I0.1      Q0.0
  ┤ ├──────┤ ├──┬──────┤/├──────( )
    Q0.0           │
  ┤ ├───────────┘

    M0.0      T39        Q0.2      Q0.1
  ┤ ├──────┤/├──────┤/├──────( )
    T39      T42
  ┤ ├──────┤ IN    TON │
           │          │
         5─┤ PT  100 ms│

    T42      Q0.1        Q0.2
  ┤ ├──────┤/├──────( )
```

chapter 01

chapter 02

chapter 03

chapter 04

chapter 05

chapter 06

appendix

六、实训报告

按下列要求写出实训报告

1. 实训结果

_____

_____

2. 实训总结

_____

_____

_____

七、教师评分

_____

_____

_____

拓展实训二　数码管显示的 PLC 控制系统

▌一、实训目的

用 PLC 构成数码管显示控制系统，掌握 PLC 的编程和程序调试方法。

▌二、实训装置

1. 可编程控制器实训装置一套
2. 实训导线若干
3. PC/PPI 通信电缆一条
4. 计算机一台

▌三、实训内容及步骤

1. 设计数码管显示控制框图
2. 设计梯形图控制程序
3. 调试并运行程序
4. 尝试编写新的控制程序，实现不同的控制效果

▌四、实训控制要求

1. 按下启动按钮后，数码管依次循环显示 0、1、2、3、4、5、6、7、8、9；按下停止按钮后，数码管停止显示，系统停止工作。

2. 数码管显示控制示意图：

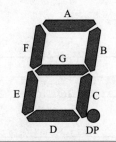

附图 1 数码管显示控制示意图

3. 输入 / 输出点

输入点	输出点
启动按钮：I0.0	A～G：Q0.0～Q0.6
停止按钮：I0.1	DP：Q0.7

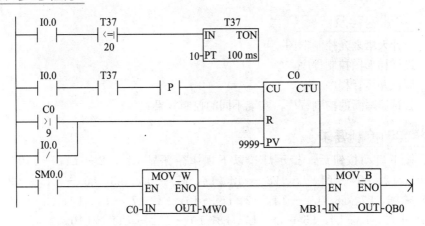

五、参考程序

六、实训报告

按下列要求写出实训报告

1. 实训结果

_____

_____

_____

2. 实训总结

_____

_____

_____

七、教师评分

_____

_____

_____

拓展实训三　天塔之光的 PLC 控制系统

一、实训目的

用 PLC 构成天塔之光控制系统，掌握 PLC 的编程和程序调试方法。

二、实训装置

1. 可编程控制器实训装置一套
2. 实训导线若干
3. PC/PPI 通信电缆一条

4. 计算机一台

三、实训内容及步骤

1. 设计天塔之光控制框图
2. 设计梯形图控制程序
3. 调试并运行程序
4. 尝试编写新的控制程序，实现不同的控制效果

四、实训控制要求

1. 按下启动按钮后，指示灯按以下规律循环显示：L12 → L11 → L10 → L8 → L1 → L1、L2、L9 → L1、L5、L8 → L1、L4、L7 → L1、L3、L6 → L1 → L2、L3、L4、L5 → L6、L7、L8、L9 → L1、L2、L6 → L1、L3、L7 → L1、L4、L8 → L1、L5、L9 → L1 → L2、L3、L4、L5 → L6、L7、L8、L9 → L12 → L11 → L10。

2. 按下停止按钮后，天塔之光控制系统停止运行。

3. 天塔之光控制示意图：

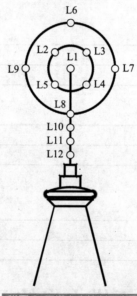

附图 2 天塔之光控制示意图

4. 输入 / 输出点

输入点	输出点
启动按钮：I0.0	灯 L1 ～ L12：Q0.0 ～ Q0.7、Q1.0 ～ Q1.3
停止按钮：I0.1	

五、参考程序

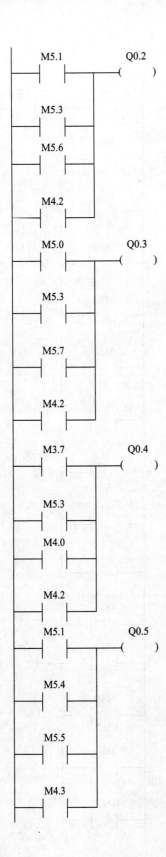

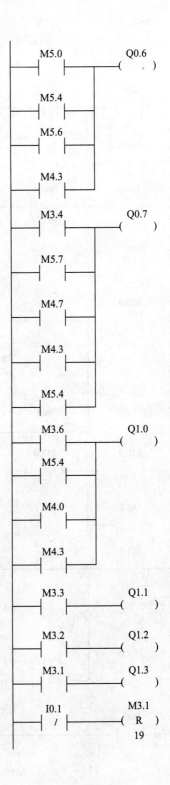

六、实训报告

按下列要求写出实训报告

1. 实训结果

_____

_____

_____

2. 实训总结

_____

_____

_____

七、教师评分

_____

_____

_____

chapter 01

chapter 02

chapter 03

chapter 04

chapter 05

chapter 06

appendix

拓展实训四　多种液体混合装置的 PLC 控制系统

一、实训目的

用 PLC 构成液体混合控制系统，掌握 PLC 的编程和程序调试方法。

二、实训装置

1. 可编程控制器实训装置一套
2. 实训导线若干
3. PC/PPI 通信电缆一条
4. 计算机一台

三、实训内容及步骤

1. 设计两种液体混合装置控制框图
2. 设计梯形图控制程序
3. 调试并运行程序

四、实训控制要求

1. 按下启动按钮，装置开始运行。混合液阀门打开 10 s 将容器放空后关闭。然后液体 A 阀门打开，液体 A 流入容器。当液面到达 SL3 时，SL3 接通，关闭液体 A 阀门，打开液体 B 阀门。液面到达 SL2 时，关闭液体 B 阀门，打开液体 C 阀门。液面到达 SL1 时，关闭液体 C 阀门。

2. 搅匀电动机开始搅匀、加热器开始加热。当混合液体在 6s 内达到设定温度时，加热器停止加热，搅匀电动机工作 6s 后停止搅动；当混合液体加热 6s 后还没有达到设定温度时，加热器继续加热；当混合液体达到设定的温度时，加热器停止加热，搅匀电动机停止工作。

3. 搅匀结束以后，混合液体阀门打开，开始放出混合液体。当液面下降到 SL3 时，SL3 由接通变为断开，再过 2s 后，容器放空，混合液阀门关闭，开始下一周期。

4. 关闭"启动"开关，在当前的混合液处理完毕后，停止操作。

5. 液体混合控制示意图：

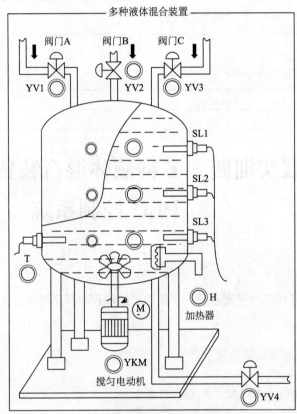

附图 3 液体混合控制示意图

6. 输入 / 输出点

输入点	输出点
启动按钮：I0.0	进液阀门 A：Q0.0
液位传感器 SL1：I0.1	进液阀门 B：Q0.1
液位传感器 SL2：I0.2	进液阀门 C：Q0.2
液位传感器 SL3：I0.3	排液阀门：Q0.3
温度传感器 T：I0.4	搅拌电动机 YKM：Q0.4
	加热器 H：Q0.5

五、参考程序

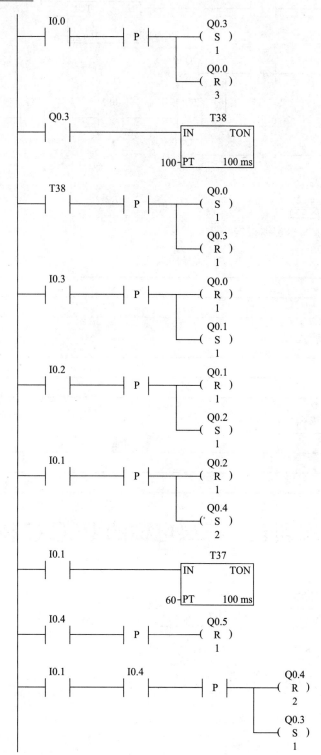

chapter 01

chapter 02

chapter 03

chapter 04

chapter 05

chapter 06

appendix

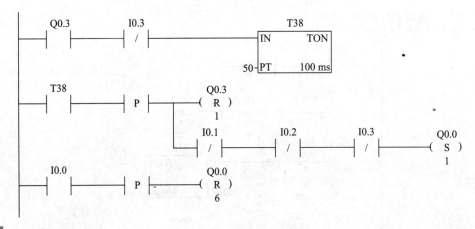

六、实训报告

按下列要求写出实训报告

1. 实训结果

_____

_____

_____

2. 实训总结

_____

_____

_____

_____

七、教师评分

_____

_____

_____

拓展实训五　三层电梯的 PLC 控制系统

一、实训目的

用 PLC 构成三层电梯控制系统，掌握 PLC 的编程和程序调试方法。

二、实训装置

1. 可编程控制器实训装置一套
2. 实训导线若干
3. PC/PPI 通信电缆一条
4. 计算机一台

三、实训内容及步骤

1. 设计三层电梯控制框图
2. 设计梯形图控制程序
3. 调试并运行程序

四、实训控制要求

1. 电梯由安装在各楼层电梯口的上升下降呼叫按钮（U1、U2、D2、D3），电梯轿厢内楼层选择按钮（S1、S2、S3），上升下降指示灯（UP、DOWN），各楼层到位行程开关（SQ1、SQ2、SQ3）组成。电梯自动执行呼叫。

2. 电梯在上升的过程中只响应向上的呼叫，在下降的过程中只响应向下的呼叫，电梯向上或向下的呼叫执行完成后再执行反向呼叫。

3. 电梯等待呼叫时，同时有不同呼叫时，谁先呼叫执行谁。

4. 三层电梯示意图：

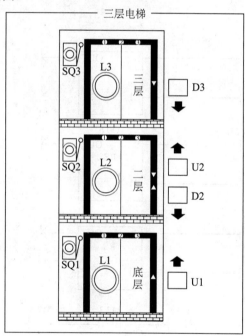

附图 4 三层电梯示意图

5. 输入／输出点

输入点	输出点
三层内选按钮：I0.0	三层指示：Q0.0
二层内选按钮：I0.1	二层指示：Q0.1
一层内选按钮：I0.2	一层指示：Q0.2
三层下呼按钮：I0.3	轿厢下降指示：Q0.3
二层下呼按钮：I0.4	轿厢上升指示：Q0.4
二层上呼按钮：I0.5	三层内选指示：Q0.5
一层上呼按钮：I0.6	二层内选指示：Q0.6
三层行程开关：I0.7	一层内选指示：Q0.7
二层行程开关：I1.0	
一层行程开关：I1.1	

五、参考程序

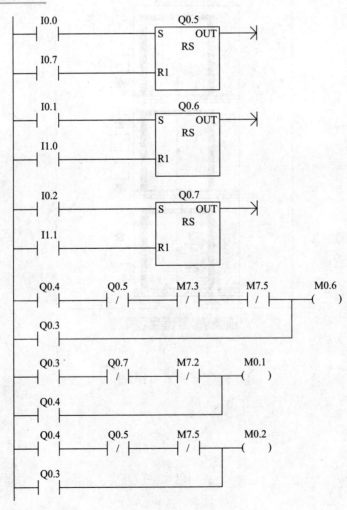

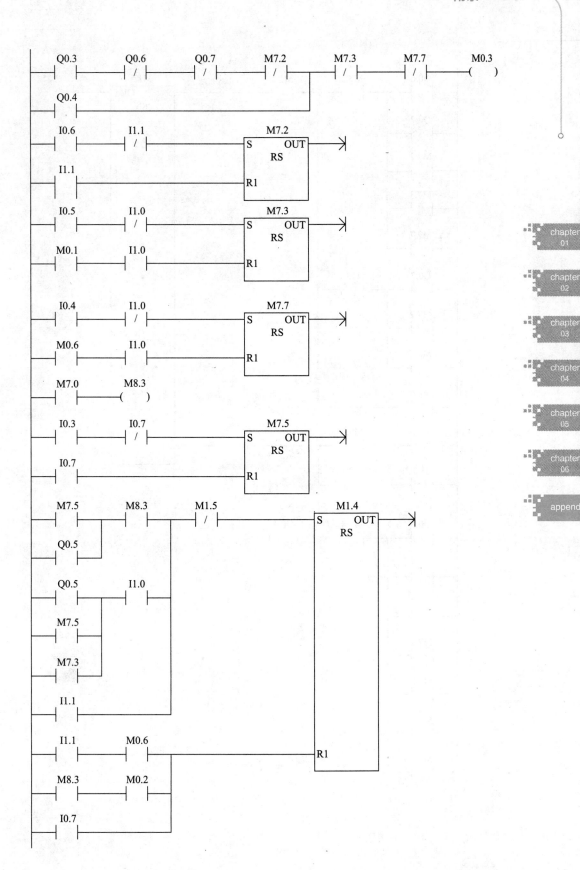

chapter
01

chapter
02

chapter
03

chapter
04

chapter
05

chapter
06

appendix

```
    Q0.6         M8.3         M1.4                    M1.5
─────┤ ├─────┬────┤ ├────┬─────┤/├──────────────┌─────────────┐──>
    Q0.7     │                                   │S        OUT │
─────┤ ├─────┤                                   │RS           │
    M7.2     │                                   │             │
─────┤ ├─────┤                                   │             │
    M7.3     │                                   │             │
─────┤ ├─────┤                                   │             │
    M7.7     │                                   │             │
─────┤ ├─────┤                                   │             │
    Q0.7         I1.0                             │             │
─────┤ ├─────┬────┤ ├────┤                        │             │
    M7.2     │                                   │             │
─────┤ ├─────┤                                   │             │
    M7.7     │                                   │             │
─────┤ ├─────┤                                   │             │
    I0.7     │                                   │             │
─────┤ ├─────┘                                   │             │
    M8.3         M0.3                             │             │
─────┤ ├─────┬────┤ ├────┬──────────────────R1───│             │
    I1.0         M0.1   │                         └─────────────┘
─────┤ ├─────┬────┤ ├────┘
    Q0.5         M1.4        Q0.4
─────┤ ├─────┬────┤ ├────────( )
    Q0.6         M1.5        Q0.3
─────┤ ├─────┤    ┤ ├────────( )
    Q0.7     │
─────┤ ├─────┤
    M7.2     │
─────┤ ├─────┤
    M7.3     │
─────┤ ├─────┤
    M7.7     │
─────┤ ├─────┤
    M7.5     │
─────┤ ├─────┘
```

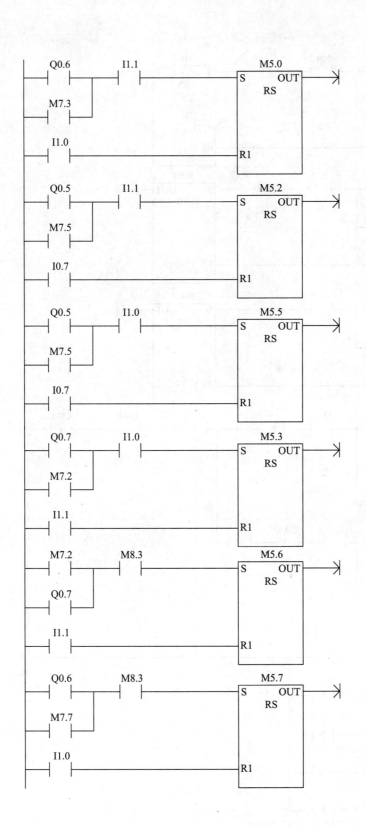

chapter
01

chapter
02

chapter
03

chapter
04

chapter
05

chapter
06

appendix

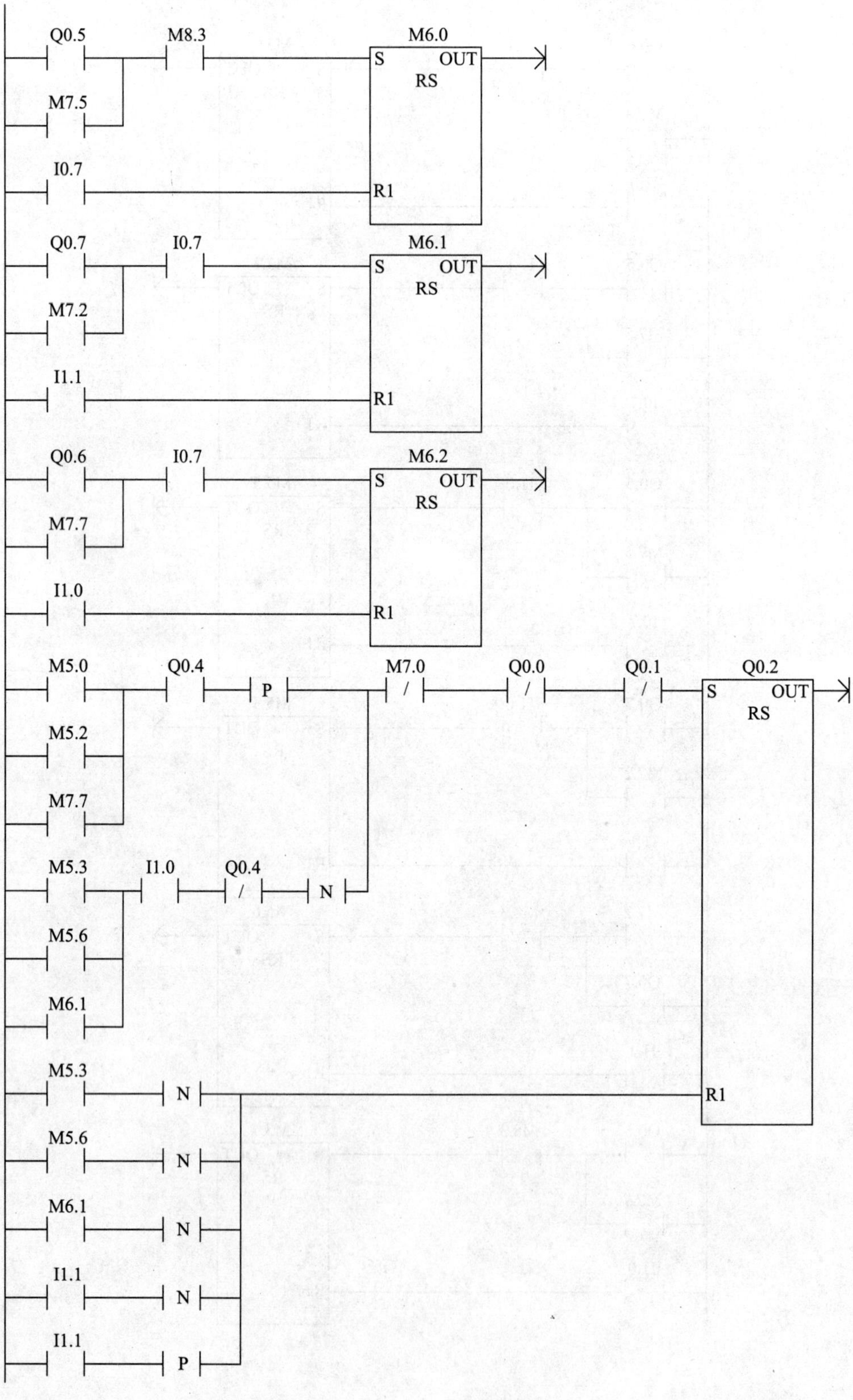
Q0.5
M8.3
M6.0
S
OUT
RS
M7.5
I0.7
R1
Q0.7
I0.7
M6.1
S
OUT
RS
M7.2
I1.1
R1
Q0.6
I0.7
M6.2
S
OUT
RS
M7.7
I1.0
R1
M5.0
Q0.4
P
M7.0
Q0.0
Q0.1
Q0.2
S
OUT
RS
M5.2
M7.7
M5.3
I1.0
Q0.4
N
M5.6
M6.1
M5.3
N
R1
M5.6
N
M6.1
N
I1.1
N
I1.1
P

chapter
01

chapter
02

chapter
03

chapter
04

chapter
05

chapter
06

appendix

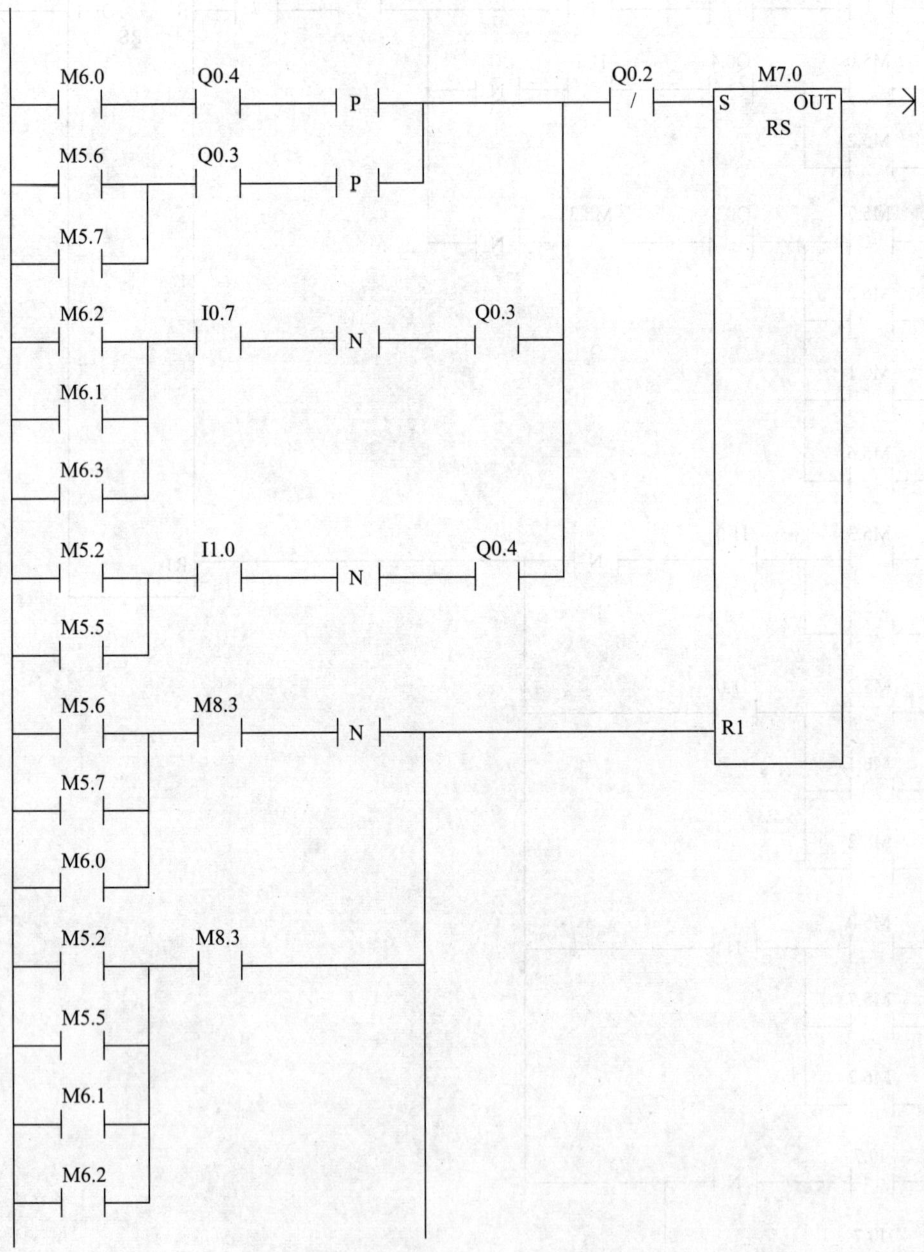
M6.0
Q0.4
P
Q0.2
/
M7.0
S
OUT
RS
M5.6
Q0.3
P
M5.7
M6.2
I0.7
N
Q0.3
M6.1
M6.3
M5.2
I1.0
N
Q0.4
M5.5
M5.6
M8.3
N
R1
M5.7
M6.0
M5.2
M8.3
M5.5
M6.1
M6.2

chapter 01

chapter 02

chapter 03

chapter 04

chapter 05

chapter 06

appendix

▌ 六、实训报告

按下列要求写出实训报告

1. 实训结果

_____

_____

_____

2. 实训总结

_____

_____

_____

▌ 七、教师评分

_____

_____

_____

拓展实训六　除尘室的 PLC 控制系统

▌ 一、实训目的

用 PLC 除尘室的控制系统，掌握 PLC 的编程和调试程序方法。

▌ 二、实训装置

1. 可编程控制器实训装置一套
2. 实训导线若干
3. PC/PPI 通信电缆一条
4. 计算机一台

▌ 三、实训内容及步骤

1. 设计除尘室控制框图
2. 设计梯形图控制程序
3. 调试并运行程序

▌ 四、实训控制要求

1. 进入车间时必须先打开第一道门进入除尘室，进行除尘。当第一道门打开时，开门传感器动作，第一道门关上时关门传感器动作。

2. 第一道门关上后，风机开始吹风，电磁锁把第二道门锁上并延时 20s。

3. 延时时间到后，风机自动停止，电磁锁自动打开，此时可打开第二道门进入室内。

4. 第二道门打开时相应的开门传感器动作。

5. 人从室内出来时，第二道门的开门传感器先动作，第一道门的开门传感器才动作，关门传感器与进入时动作相同，出来时不需除尘，所以风机、电磁锁均不动作。

6. 除尘室结构示意图：

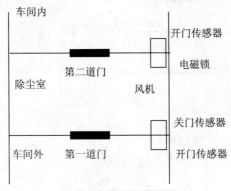

附图 5 除尘室的结构

7. 输入 / 输出点

输入点	输出点
第一道门的开门传感器：I0.0	风机 1：Q0.0
第二道门的开门传感器：I0.1	风机 2：Q0.1
第一道门的关门传感器：I0.2	电磁锁：Q02

五、参考程序

chapter 01

chapter 02

chapter 03

chapter 04

chapter 05

chapter 06

appendix

```
   I0.0              M0.0
 ─┤ ├─              ( S )
                      1

   I0.1              M0.1
 ─┤ ├─              ( S )
                      1

   M0.0             SM0.5     ┌── INC_DW ──┐
 ─┤ ├──────────────┤ ├───────┤EN      ENO├──
                             │            │
                     VD100───┤IN      OUT├─VD100

   M0.1             SM0.5     ┌── INV_DW ──┐
 ─┤ ├──────────────┤ ├───────┤EN      ENO├──
                             │            │
                     VD200───┤IN      OUT├─VD200

   I0.2             VD100            M0.2
 ─┤ ├──────────────┤>D├────────────( S )
                    VD200             1

   I0.2             M0.0     M0.2       Q0.0
 ─┤ ├──────────────┤ ├──────┤ ├───┬───( )
                                   │
                                   │    Q0.1
                                   ├───( )
                                   │
                                   │    Q0.2
                                   └───( )
```

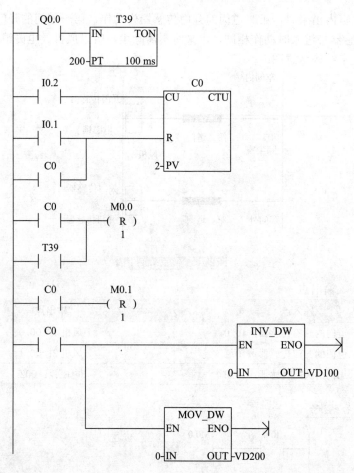

六、实训报告

按下列要求写出实训报告

1. 实训结果

_____

_____

_____

2. 实训总结

_____

_____

_____

七、教师评分

_____

_____

_____

参考文献

［1］宫淑贞，徐世许．可编程控制器原理及应用（第2版）．北京：人民邮电出版社，2009．

［2］冯小玲，郭永欣．可编程控制器原理及应用．北京：人民邮电出版社，2011．

［3］方强．PLC可编程控制器技术开发与应用实践．北京：电子工业出版社，2009．

［4］王如松．可编程控制器原理与应用（西门子S7-200系列）．北京：清华大学出版社，2013．

［5］李冰．可编程控制器原理及应用实例．北京：中国电力出版社，2011．

［6］张万忠．可编程控制器入门与应用实例（西门子S7-200系列）．北京：中国电力出版社，2005．

［7］秦绪平，张万忠．西门子S7系列可编程控制器应用技术．北京：化学工业出版社，2011．

［8］郭宗仁，吴亦锋，郭宁明．可编程序控制器应用系统设计及通信网络技术（第二版）北京：人民邮电出版社，2009．

［9］邱公伟．可编程控制器网络通信及应用．北京：清华大学出版社，2000．

［10］史国生，鞠勇．电气控制与可编程控制器技术实训教程．北京：化学工业出版社，2010．

［11］程曙艳．可编程控制器（PLC）实验教程．厦门：厦门大学出版社，2009．

［12］李国勇，卫明社．可编程控制器实验教程．北京：电子工业出版社，2008．